Hubert Danelzik

Möbel für Balkon und Garten selbst gebaut

Vom Sandkasten bis zum Partyzelt

Urania-Ravensburger

Dank

Für die Mithilfe beim Entstehen dieses Buches möchte ich allen beteiligten Mitarbeitern, Redaktionen und Firmen danken. Besonderer Dank gilt meiner Frau und meinen drei Kindern Nele, Okke und Finn, durch die ich viele Anregungen und Unterstützung erhielt. Mein Dank gilt auch folgenden Firmen für die freundliche Unterstützung beim Zustandekommen dieses Buches:

UHU GmbH
77813 Bühl (Baden)
Telefon (07223) 284-0

HISTOR
Sigma Coatings GmbH
Klüsener Str. 54
44850 Bochum
Telefon (0234) 869-0

Robert Bosch GmbH
Elektrowerkzeuge
Postfach 10 01 56
70745 Leinfelden-Echterdingen
Telefon (0180) 333 57 99

OSMO
Ostermann & Scheiwe GmbH & Co.
Postfach 63 40
48033 Münster
Telefon (0251) 692-0
e-mail info@osmo.de

Der Autor

Hubert Danelzik, geb. 1948 in Essen, studierte nach einer Tischlerlehre Innenarchitektur in Detmold (FH Lippe) und arbeitete anschließend in einem Innenarchitekturbüro in Hamburg. Seit 1977 ist er in Hamburg als freier Innenarchitekt (Dipl.–Ing.), Möbeldesigner und Mitarbeiter von verschiedenen Wohnzeitschriften tätig. Seit 1990 arbeitet er außerdem als Berater und Gestalter von Kindertagesstätten.

Vom selben Autor erschienen:

Kindermöbel aus Holz
Urania-Ravensburger 1996

Hinweis des Verlages

Originalausgabe

Umschlaggestaltung: Behrend und Buchholz, Hamburg
Umschlagfoto: Thorsten Berndt
Fotos: Jahreszeiten-Verlag GmbH/Peterburs: S. 10 o./Wentorf: 14 o.,15, 27, 28, 30, 31 o., 32, 33 o., 34, 37, 56, 60, 61 /Vogel-Berensmann: 16–19 /Moog: 40–42, 43 u.l./r., 44 o.; Bilderdienst/Wohnidee: S. 1, 3, 10 M., 11 o., 12 u., 21 r., 22, 23 o., 24, 25, 38 o.; M. Moog: S. 10 u., 12 o.; Picture Press/Nüttgens: S. 46, 49, 50 o., 52 o., 54, 55; alle übrigen Fotos: Thorsten Berndt
Zeichnungen: Melanie-Babette Wedhorn
Text: Wolfram Kawlath und Hubert Danelzik
Gestaltung und Satz: alpha & bet, München
Gesamtherstellung: Himmer, Augsburg
Printed in Germany

01 00 99 3 2 1

ISBN 3-332-00726-2

Die Deutsche Bibliothek –
CIP-Einheitsaufnahme

Danelzik, Hubert:
Möbel für Balkon und Garten selbst gebaut:
Vom Sandkasten bis zum Partyzelt
- Orig.-Ausg. - Berlin:
Urania-Ravensburger, 1999
ISBN 3-332-00726-2

Inhalt

4 Einleitung

10 Sitzplätze im Garten

14 Partyzelt für Kinder

16 Rollwagen

20 Sonnenbank mit kleinen Tischen

24 Gartentisch

26 Kinderpool

28 Pflanzenbank

32 Sportbox

34 Spielhaus

38 Zebrabank

40 Marktstand

46 Rosenbalkon

52 Balkon-Sandkasten

56 Balkongärtchen

Einleitung

Unser Buch enthält 14 Projekte mit vielen Ideen zum Selbermachen für Garten und Balkon. Alle sind möglichst einfach konstruiert, so dass Sie auch mit wenigen handwerklichen Fähigkeiten und Vorkenntnissen leicht nachgebaut werden können. Neben den üblichen Handwerkszeugen benötigen Sie nur wenige Elektrowerkzeuge oder Maschinen, die Ihnen die Arbeit erleichtern. Sie können die vorgeschlagenen Projekte exakt nacharbeiten oder nach ihren eigenen Vorstellungen und Gegebenheiten verändern. Lassen Sie Ihre Fantasie dabei ruhig spielen.

Selbermachen bringt Freude

Besondere Freude hat man an Dingen, die man für sich selbst, für seine Kinder oder auch mit ihnen angefertigt hat. Sei es ein richtiger Swimmingpool im Freien oder ein kleiner eigener Garten auf dem Balkon. Gerade Kinder können immer etwas gebrauchen und helfen auch gern mit beim Planen und Bauen. Wenn Ihre Kinder beim Bauen mithelfen, müssen Sie besonders auf deren Sicherheit achten und sie nur unter Ihrer Aufsicht werken lassen. Sollten Sie die Materiallisten aus diesem Buch für Ihren Einkauf nutzen, prüfen Sie diese vorher sicherheitshalber noch einmal. Denken Sie auch daran, die Listen zu ändern oder zu ergänzen, wenn Sie die Entwürfe variiert haben. Und nun viel Spaß bei der Arbeit!

Umwelt

Eine natürliche und gesunde Umwelt ist wohl allen wichtig. Auch beim Heimwerken kann man dazu beitragen, sie zu erhalten. Achten Sie bei ihrem Einkauf auf Artikel mit Umweltsiegel, z.B. auf den so genannten „Blauen Engel“. Die Suche und Auswahl von ökologisch verträglichen und umweltfreundlichen Produkten lohnt sich und ist besonders zu empfehlen, wenn Sie Möbel für Ihre Kinder bauen.
Ein von Natur aus unbelastetes Material ist Holz. Aus ökologischen Gründen sollte es aber aus einheimischen, d.h. europäischen Wäldern kommen, wie z.B. Fichte und Kiefer. Bei Plattenmaterialien, wie z.B. Sperrholz, hat man leider schon weit weniger die Wahl.
Besondere Beachtung sollten Sie den Anstrichmitteln, d.h. den Holzschutz- und Oberflächenbehandlungsmitteln, schenken. Hier gibt es Alternativen zu den herkömmlichen Anstrichmitteln. Wichtig ist besonders bei Möbeln, die von Kindern genutzt werden, dass die verwendeten Lasuren und Lacke speichelecht, wasserverdünnbar und nach DIN 53160/ EN 71 hergestellt sind. Achten Sie möglichst auf den Aufdruck „Nach getrocknetem Anstrich unbedenklich für Mensch, Tier und Pflanze“.
Bei der Verarbeitung von Kleber, Leim, Spachtelmasse, Lasur und Lack sollten Sie immer gut lüften, besonders aber dann, wenn Kinder in der Nähe sind. Bitte beachten Sie die Gebrauchsanweisungen sowie die Anwendungs- und Entsorgungshinweise der Hersteller.

Sicherheit

Der Umgang mit Werkzeugen, die spitz, scharf oder elektrisch betrieben sind, ist nicht ganz ungefährlich. Dies gilt besonders, wenn Kinder beim Bauen mithelfen. Bei der Arbeit sollten Sie immer auf eine richtige

Handhabung der Werkzeuge und Maschinen und vor allen Dingen auf eine gute Qualität Ihrer Werkzeuge achten, denn das ist eine Voraussetzung für ihre Sicherheit und natürlich auch ihre Haltbarkeit.
Vor Beginn der Arbeit mit Maschinen überprüfen Sie den richtigen und festen Sitz der Werkzeuge und der Sicherheitsvorrichtungen. Zur Werkstattausstattung sollten auch Schutzbrille, Staubmaske und Arbeitshandschuhe gehören. Wichtig sind auch feste Schuhe und bequeme, aber geschlossene Arbeitskleidung sowie ein schnell erreichbarer Erste-Hilfe-Kasten und gegebenenfalls ein Telefon oder Handy.

Elektrowerkzeuge

Die drei Grundarbeitstechniken beim Heimwerken sind der Zuschnitt, der Zusammenbau und die Oberflächengestaltung. Viele Arbeiten lassen sich gut mit Hilfe von elektrischen Maschinen erledigen. Die wichtigsten Maschinen sind die Stichsäge, die Bohrmaschine, der Akkuschrau-

ber und der Schwingschleifer. Die Stichsäge sollte mit Sägeblättern für grobe und feine gerade Schnitte, für runde und kurvige Formschnitte sowie für Metall und für Kunststoffe ausgestattet sein. Nützlich sind darüber hinaus ein Parallelanschlag, ein Kreisanschlag und auch ein Sägetisch für den stationären Betrieb.
Sinnvolles Zubehör für die Bohrmaschine sind ein Bohrständer und vielfältige Einsätze (z.B. Bohrer, Schleif- und Polierscheiben). In elektronisch gesteuerte Bohrmaschinen mit Rechts- und Linkslauf lassen sich Schrauberbits einsetzen. Für den Akkuschrauber gibt es ein praktisches Solarladegerät.
Für den Schwingschleifer sollte man sich unterschiedliche grobe bis feine Schleifblätter für verschiedene Materialien (Holz, Metall, Lacke und Kunststoffe) anschaffen. Hilfreich sind auch spezielle Schleifmaschinen, etwa Dreieckschleifer, die für Ecken und Kanten gut geeignet sind. Für größere Objekte sind die Handkreissäge (auch mit Mehrzwecksägetisch), eine Multisäge und ein Bandschleifer gut geeignet.

Sägen

Einfache, gerade Schnitte können Sie mit dem Fuchsschwanz oder der elektrischen Stichsäge freihändig ausführen. Lange Trennschnitte erledigen Sie besser entlang einer festgezwängten Anschlagleiste. Winklige Schnitte an Leisten und Latten werden mit Hilfe einer Gehrungssäge ausgeführt. Für Form- und Kurvenschnitte können Sie eine Stichsäge verwenden. Da die Stichsäge von unten nach oben sägt, klebt man am besten die vorgesehene Schnittlinie mit Tesafilm (breit) oder Malerabklebeband glatt ab bzw. schneidet Furnier mit einem Messer vor. So kann das Holz an der Schnittlinie nicht ausreißen.

Bohren

Die wichtigste Hilfe beim Bohren ist die elektrische Bohrmaschine. Mit Hilfe der elektronischen Drehzahlvorwahl lassen sich verschiedene Bohrgeschwindigkeiten einstellen. Zwei verschiedene Bohrertypen sind für

die hier vorgestellten Objekte zu empfehlen: Holzbohrer und HSS-Spiralbohrer. Holzbohrer haben ein spindelförmiges Gewinde mit einer Zentrierspitze für ein punktgenaues Einsetzen. Die HSS-Spiralbohrer sind universell für Holz, Kunststoff und Metall einsetzbar.
Beim Vorbohren von Schraubenlöchern sollte der Bohrerdurchmesser etwa 1 mm geringer sein als der Schraubendurchmesser. Gebohrte Lochöffnungen vergrößern Sie mit einem Aufreiber, um Schraubenköpfe plan mit dem Holz oder Plattenmaterial zu versenken. Ein Tiefenanschlag begrenzt die Bohrtiefe.

Schrauben und Nägel

Für den Einsatz im Außenbereich sind nur Schrauben und Nägel geeignet, die nicht rosten. Sie sind in der Regel verkupfert, verzinkt oder bestehen aus Kupfer, Leichtmetall, Messing oder Edelstahl. Bei größeren Schraubendurchmessern sollten Sie vorbohren. Weit verbreitet sind die Spaxschrauben mit einem selbstschneidenden Gewinde, bei denen nicht vorgebohrt werden muss. Je nach Einsatzzweck verwendet man Schrauben mit Linsenkopf, Senkkopf oder Zylinderkopf. Auch Schlossschrauben aus nicht rostendem Material mit Vierkantansatz sind für bestimmte Zwecke sehr praktisch. Bei ihrer Verwendung müssen die jeweiligen Werkstücke durchgebohrt und die Verbindung mit einer aufgedrehten Mutter (Hutmutter oder Flügelmutter) gesichert werden. Damit sich die Muttern nicht ins Holz einziehen können, sollten immer passende Unterlegscheiben aus gleichem Material zwischen Mutter und Holz gelegt werden. Damit Nägel- und Schraubenköpfe später nicht mehr zu sehen sind, werden sie versenkt und anschließend sorgfältig verspachtelt.

Leimen und Kleben

Klebstoffe sind Werkstoffe, die verschiedenartige Materialien entweder miteinander oder mit anderen Materialien verbinden können. Entscheidend für die Klebkraft sind die Anhaftung des Klebstoffs an den Klebeflächen (Adhäsion) und die innere Festigkeit (Kohäsion) des Klebstoffs selbst. Je größer die Klebefläche ist, desto besser die Haftung. Durch Anschleifen wird die Oberfläche angeraut und damit vergrößert. Gleichzeitig wird so die Klebefläche gereinigt, denn grundsätzlich gilt: Klebeflächen müssen sauber, fett- und staubfrei sein.
Holzleime sind Spezialklebstoffe für Holz und Holzwerkstoffe – in der Regel lösungsmittelfreie Dispersionen – in unterschiedlichen Beanspruchungsgruppen. Für die Verwendung im trockenen Innenbereich werden „normale" Holzleime (EN 204 D2) eingesetzt. Für die Anwendung in feuchtem und in Wechselklima sollte in jedem Fall „wasserfester" Holzleim (EN 204 D3) verwendet werden. Ist das Werkstück ständig Witterungseinflüssen ausgesetzt, sollten einkomponentige PU-Leime (EN 204 D4), die sogar seewasserfest sind, eingesetzt werden.
Verleimte Flächen müssen immer fixiert werden. Über die Presszeiten

informiert die Gebrauchsanleitung. Werkstücke aus anderen Materialien können mit Zweikomponentenklebstoffen (z.B. Metall) oder mit Kontaktklebstoffen (z.B. flexible Materialien wie PVC-Teichfolien oder Textilien) verklebt werden. Wird die Verklebung nach Anleitung des Herstellers vorgenommen, ist auch mit diesen Klebstoffen eine gute Witterungsstabilität zu erreichen.

Werkzeugpflege

Wer gut und sicher arbeiten möchte, sollte beim Kauf von Werkzeugen nicht sparen. Qualität hat allerdings ihren Preis. Schlechte Bohrer glühen schnell aus und sind dann unbrauchbar. Billige Sägen werden rasch stumpf und Stechbeitel oder Schraubendreher brechen aus.
Werkzeuge sollten nach Gebrauch gereinigt, leicht eingeölt und an einem trockenen und kindersicheren Ort aufbewahrt werden. Stechbeitel und andere scharfe oder spitze Werkzeuge sollten immer mit einer Schutzkappe oder einem Korken zusätzlich gesichert werden.

Kein Edelholz

Verwenden Sie möglichst kein Mahagoni, Palisander oder Teakholz. Im Interesse eines gesunden Weltklimas sollten die Edelhölzer lieber dort bleiben, wo sie hingehören: im tropischen Regenwald. Bei uns angebote-

nes Gartenholz (Leisten, Pfosten und Bretter) sind meist aus Fichte oder Kiefer und stammen aus forstwirtschaftlich betriebenen Nutzwäldern Europas. Für Sperrholzplatten, die oft Furniere aus afrikanischen Hölzern haben, gibt es als Alternative Multiplexplatten in verschiedenen Stärken mit Birken- oder Buchenfurnier.

Gartenholz

In Bau- und Gartenmärkten wird speziell vorbereitetes Holz für die Gartengestaltung angeboten. Neben Brettern, Balken und Leisten gibt es auch Fertigprodukte wie Rankgitter, Zäune und Bodenroste. Ein Vorteil dieser vorfabrizierten Teile ist es, dass ihr Holz durch eine chromfreie Kesseldruckimprägnierung schon wettergeschützt ist. Schnittstellen, die bei der Verarbeitung entstehen, müssen allerdings durch Holzschutzmittel nachimprägniert werden. Alle Gartenhölzer, die zu Möbeln verarbeitet werden, sollten trotzdem noch zusätzlich mit einem umweltfreundlichen Anstrich versehen werden.

Sperrholz wasserfest verleimt

Für den Außenbereich eignen sich nur wasserfest verleimte Sperrholzplatten AW 100. Es gibt sie in Stärken von 0,8 – 24 mm. Ihr Plattenaufbau gleicht dem einfach verleimter Sperrholzplatten. Die Furniere sind meist aus Meranti oder Gabun und manchmal gegen Insektenbefall und Fäulnis imprägniert. Bei der Verarbeitung entstehender Staub und Späne sollten gründlich abgesaugt werden. Alternativ dazu gibt es die teurere Multiplexplatte (mit wasserfester Verleimung) mit Birken- oder Buchenfurnier.

Bretter und Leisten

Einfache unbehandelte Hobelbretter und Leisten aus Fichten- oder aus Kiefernholz sind ein ideales Baumaterial. Die Bretter werden in verschiedenen Breiten und Längen angeboten und sind oft 18 – 19 mm stark. Leisten gibt es in vielfältigen Abmessungen. Achten Sie beim Einkauf auf geraden Wuchs und Astfreiheit. Zum Schutz vor Witterungseinflüssen müssen Bretter und Leisten jedoch behandelt werden.

Markisenstoff

Markisenstoff gibt es in vielen Farben und Dessins. Der Stoff muss für den Außenbereich kräftig, reißfest und wasserfest sein. Geeignet sind

Markisenstoffe z.B. aus Polyacrylfasern. Gute Stoffe haben eine hohe Lichtechtheit und Farbbeständigkeit. Sie sind wasserabweisend, luftdurchlässig und unempfindlich gegen Rost, Schimmel, Verrottung sowie Insektenfraß. Sie haben oft eine Schmutz und Fett abweisende Beschichtung. Achten Sie auf Gewebe mit entsprechendem Prüfsiegel. Sie gelten als umweltverträglich.

Schleifen

Vor jeder Oberflächenbehandlung müssen die Werkstücke geschliffen

werden. Achten Sie vor allem bei Kindermöbeln darauf, dass alle Ecken und Kanten ausreichend gerundet sind. Große Flächen werden mit elektrischen Maschinen geschliffen. Beginnen Sie den Schliff mit grobem Schleifpapier und fahren Sie mit immer feiner werdendem Schleifpapier fort. Um die durch die Feuchtigkeit der Anstrichmittel aufgequollenen Holzfasern abzuschleifen, müssen Sie die Oberfläche zwischen zwei Anstrichen jeweils nach der Trocknung mit feinem Schleifpapier zwischenschleifen.

Staub

Vor Staub, der beim Trockenschleifen entsteht, sollten Sie sich unbedingt schützen. Er ist sehr unangenehm und reizt die Schleimhäute. Einweg-Staubmasken sind eine gute Hilfe. Besser sind jedoch gute Atemmasken, die man immer wieder benutzen kann. Verwenden Sie beim Einsatz von elektrischen Schleifmaschinen immer die dazugehörenden Staubbeutel oder schließen Sie einen Staubsauger an die Maschine an.

Holzschutz

Holz ist ein natürlicher Baustoff. Ohne entsprechende Vorkehrungen ist es allen möglichen Witterungseinflüssen wie Wind und Sonne (UV-Strahlung) sowie Pilzen oder anderen Organismen schutzlos ausgeliefert. Damit die selbst gebauten Möbel nicht schon nach einigen Jahren verrottet sind, muss entsprechend vorgebeugt werden.
Elementare Voraussetzung für die lange Haltbarkeit von Holz ist zunächst der konstruktive Schutz. Er sorgt bauseitig für ein rasches Abfließen von Regenwasser und für das schnelle Abtrocknen von Feuchtigkeit. Sind hier gute Voraussetzungen geschaffen worden, kommen einige Holzsorten durchaus mit einer Wachs- oder Ölpflege aus. In der Regel bedarf es jedoch eines Schutzanstrichs.
Die angebotenen Mittel sind in Art und Wirkungsweise sehr verschieden. Eine einfache Art, das Holz zu schützen, ist der Anstrich mit einer lösemittelhaltigen oder wässrigen Dünn- oder Dickschichtlasur. Die aufgetragene Dünnschichtlasur dringt ohne Filmbildung in das Holz ein und kann daher nicht abblättern. Sie ist bei Renovierungen leicht zu erneuern. Die Dickschichtlasur bildet eine lackähnliche Schicht, die einen längeren Schutz gewährt als die Dünnschichtlasur. Bei fungizid (pilzverhindernd) ausgerüsteten Qualitäten (meist dünnflüssige Lasuren) sollte auf eine genaue Einhaltung der Produktinformation geachtet werden. Diese Lasuren können auch als Bläueschutz eingesetzt werden, bevor das Holz dann mit einer Dickschichtlasur behandelt wird.
Lasuren werden in vielen Farbtönen angeboten (Produkte einzelner Hersteller sind untereinander mischbar) und lassen die Holzmaserung durchscheinen. Je dunkler der Farbton ist, um so besser ist der UV-Schutz, um so höher allerdings auch die Wärmebelastung (Rissbildung) des Holzes durch Sonneneinstrahlung.
Alternativ dazu gibt es Lasuren auf Naturölbasis. Diese Anstrichmittel sind offenporig, bilden keinen Film, und der hohe Naturölanteil dringt tief ins Holz ein. Wenn im Laufe der Zeit eine Renovierung fällig ist, kann

die gereinigte Fläche einfach übergestrichen werden. Eine weitere Möglichkeit sind die Wetterschutzlacke auf Wasser- oder Naturölbasis. Vor dem Auswählen und dem Kauf des geeigneten Mittels sollte man sich aber ausführliche Informationen bei einem Holzexperten holen.
Beim Auftragen der Lasur sollten immer Gummihandschuhe getragen und die Räume gut durchlüftet werden. Ebenso wichtig ist die genaue Beachtung der Herstellerangaben und -hinweise.

Acryllack

Als Alternative zu den lösemittelhaltigen Kunstharzlacken (Vorteil: hohe mechanische Belastung und glatter Verlauf) gibt es die auf Wasser basierenden Acryllacke. Sie sind alterungsbeständig und in der Verarbeitung anspruchslos. Acryllacke sind geruchsarm (geringer Gehalt von organischen Lösemitteln) und schnelltrocknend. Bei ihrem Einkauf sollten Sie auf das Zeichen „Blauer Engel" achten. Diese Kennzeichnung garantiert, dass der Lösemittelanteil unter 10% liegt. Der Hinweis „Speichelecht – Nach getrocknetem Anstrich unbedenklich für Mensch, Tier und Pflanze" (DIN EN 71) bedeutet, dass der Lack auf diese Eigenschaften hin geprüft ist.

Reinigen und Entsorgen

Zur Reinigung von Pinseln und Geräten und zum Verdünnen brauchen Sie ein dem Anstrichprodukt entsprechendes Lösemittel. Alle Anstrichmittel und Lösemittel dürfen nicht in Kinderhände gelangen. Lacke auf Wasserbasis können mit Wasser verdünnt werden. Pinsel und anderes Arbeitsgerät können während kurzer Arbeitspausen in einer Plastiktüte luftdicht aufbewahrt werden. So werden sie nicht hart. Reste von Anstrichmitteln, Lösemitteln oder Waschwasser dürfen nicht ins Abwasser oder in den Hausmüll gelangen. Verzichten Sie aus Umweltschutzgründen auf spezielle Pinselreiniger und kaufen Sie sich lieber gelegentlich einen neuen Pinsel. Reste von Anstrichen sollten immer in geschlossenen Behältern bei den entsprechenden Sammelstellen abgegeben werden.

Hinweis: Umweltinformationen erhält man u.a. über folgende Verbände:

RETTET DEN REGENWALD
Pöseldorfer Weg 17
20148 Hamburg

ROBIN WOOD
Nernstweg 32
22765 Hamburg

BUND – Bund für Umwelt und Naturschutz Deutschland e.V.
Im Rheingarten 7
53225 Bonn

Sitzplätze im Garten

Die Bank „Königssee" gibt es als Bausatz komplett mit Schrauben und Beschlägen. Sie ist das richtige Einsteigermodell, denn Vorkenntnisse oder Spezialwerkzeug sind für den Zusammenbau nicht nötig.

Vorbereitung Bevor es ans Werk geht, sollte unbedingt die Vollständigkeit des Bausatzes überprüft und alle Teile mit den dazugehörenden Verbindungsbeschlägen nach Baugruppen zusammengelegt werden. An Werkzeugen und Materialien benötigt man Hammer, Schraubendreher, Kreuzschlitzschraubendreher, passende Innensechskantschlüssel, eine Schleifmaschine mit Schleifpapier sowie Leim und Pinsel.

So wird's gemacht Die Bank wird nach der Bauanleitung Schritt für Schritt zusammengebaut. Für eine bessere Stabilität empfiehlt es sich, die Einzelteile nicht nur zusammenzuschrauben, sondern zusätzlich zu leimen.
Herausquellender Leim sollte sofort mit einem feuchten Lappen abgewischt werden, da sonst das Holz hier weder Farbe, Lack, Wachs oder Öl annimmt.

Alle benötigten Teile (Rückenlehne, Sitzfläche, Seiten und Zargen) sind bereits vormontiert.

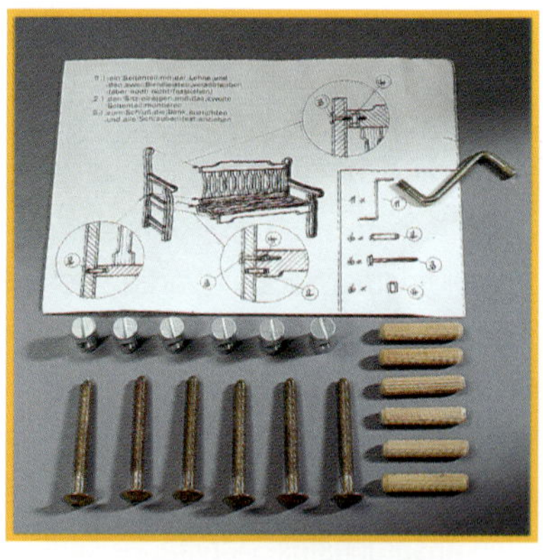

Die Montage mit Leim, Dübeln und Schrauben wird auch all jenen mit wenig Übung nicht schwer fallen.

Für die Rücken- und Sitzpolster eine Schablone aus Pappe schneiden und den Stoff mit einer Rundumzugabe von 3 cm zuschneiden. Den Stoff ringsum einen Zentimeter abnähen, seitlich und oben auf links zu einer Tasche zusammennähen und oben Klettband aufnähen. Die Tasche umdrehen, mit formgeschnittenem, mittelschwerem Schaumstoff füllen und mit dem Klettband schließen.

Mit Schwingschleifer, Schleifklotz und Schleifpapier wird die Bank für den Anstrich vorbereitet.

Lasuren dringen tief in das Holz ein, sind durchscheinend und bringen die Holzmaserung gut zur Geltung.

Beim deckenden Lackanstrich wird zunächst vorgestrichen, angeschliffen und dann endlackiert.

Die Holzdübel in die vorgebohrten Löcher leimen und dann die Seiten mit dem Holzhammer anschlagen.

Die Verbindungsschrauben greifen durch die Seiten in die Gewindemuffen in den Zargen.

Sehr wichtig: Wenn die Bank gewachst oder geölt werden soll, darf nicht grundiert werden.

Für die Kufen zeichnet man sich ein aus 5 x 5 cm großen Kästchen bestehendes Rasterfeld (s. Zeichnung) auf ein Gartenholzbrett und überträgt dann Kästchen für Kästchen die Kontur der Kufe. Am besten lässt sich die Kufe mit einer Stichsäge zuschneiden. Diese erste Kufe kann dann als Schablone für den Zuschnitt der anderen Kufen verwendet werden. Anschließend zwängt man die fertigen Kufen als Block zusammen,

Die Kufen gehören nicht zum Bausatz, sie sind selbst gemacht.

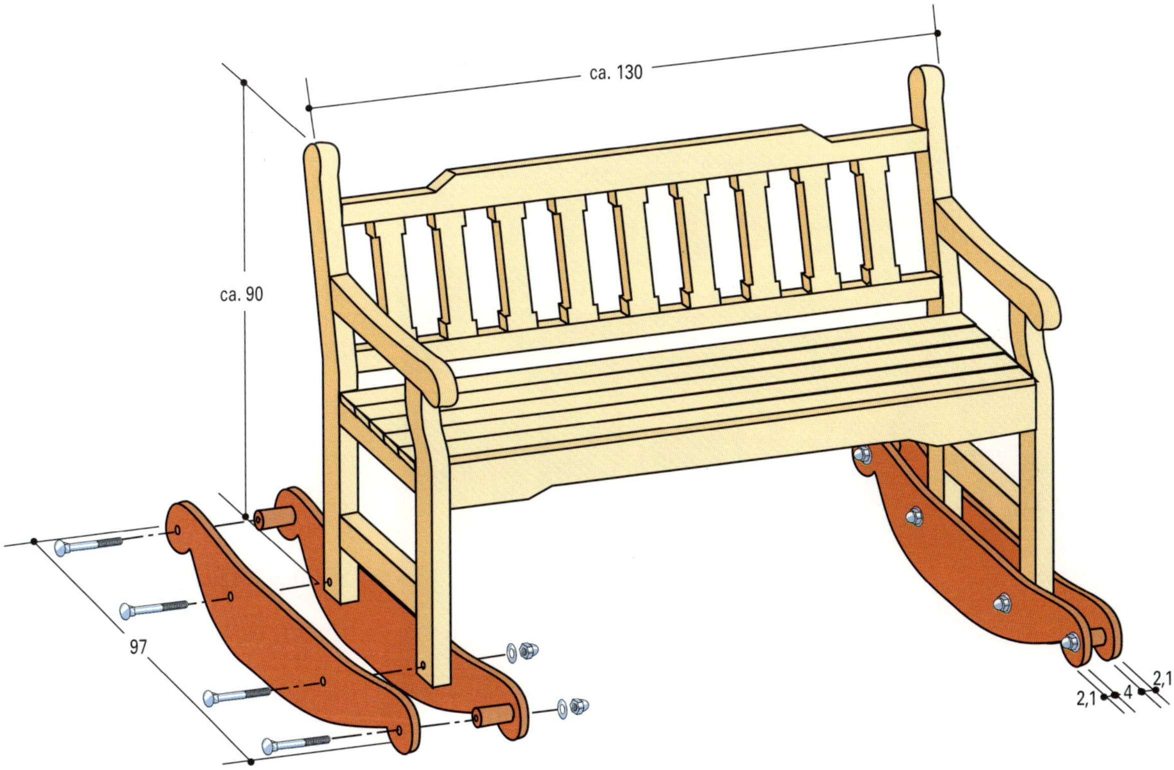

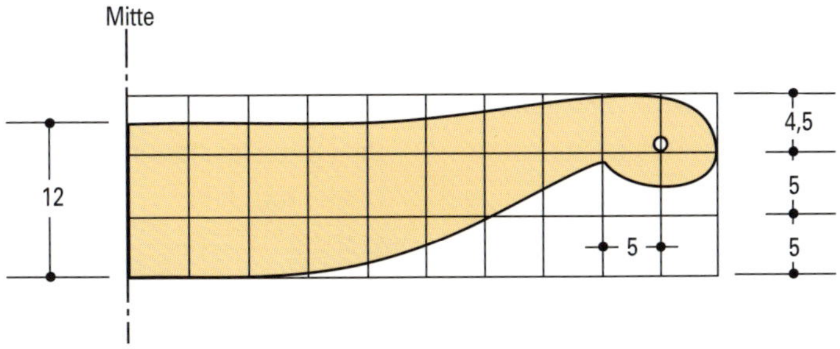

gleicht sie mit Holzraspel, Schleifmaschine und Schleifpapier an und formt sie dann endgültig aus. Dann werden die Schraublöcher gebohrt. Die Distanzstücke werden ebenfalls durchbohrt und die Kufen zusammengeschraubt. Die fertige Bank und die fertigen Kufen müssen zum Schluss fein verschliffen, grundiert und dann lackiert werden.

Fertigstellung Die Bankbeine werden durchbohrt, dann die Kufen angesetzt und mit den Schlossschrauben gesichert.

Bezeichnung	Stück	Material	Format
Bausatz Gartenbank „Königssee", Fichte oder Kiefer	1	Alle Holzteile inkl. Beschläge	Länge ca. 130 cm
Kufen	4	Gartenholzbrett 21 x 145 mm	Länge 97 cm
Distanzstück	4	Rundholz Ø 30 cm	Länge ca. 4 cm

Außerdem: 8 Schlossschrauben (verzinkt) M 8 x 90 mm, 8 Hutmuttern (verzinkt), 8 Unterlegscheiben (verzinkt), wasserfester Leim, Schleifpapier, Acryllack

Bestelladresse für Bausatz Gartenbank „Königssee":
Agentur für Wohnen, Schottweg 8, 22087 Hamburg, Tel. u. Fax (040) 220 62 69

Partyzelt

Das ist die richtige Freiluftbude für alle Partylöwen: Ein solides Gestell mit pfiffigen Steckverbindern, das schnell zusammengebaut ist. Zudem ist es leicht und mobil und man kann es immer dorthin bringen, wo die Party abgehen soll. Tja, und wenn dann mal Schluss sein sollte mit lustig, wird ganz schnell ein Gewächshaus daraus.

Dank der praktischen Steckverbinder ist der Gerüstbau kinderleicht: Es werden einfach nur die Latten entsprechend der Materialliste auf Länge zugeschnitten und dann zusammengesteckt. Bei der Erweiterung zum Spielhaus wird in die Giebelwand vorn ein Türrahmen und hinten ein Fensterrahmen eingebaut. Party- und Spielhaus werden mit Markisenstoff bespannt.

Zuschnitt Am einfachsten geht's mit einer elektrischen Säge. Der Zuschnitt von Hand mit Fuchsschwanz und Gehrungslade dauert länger. Alle Stücke werden nacheinander angerissen und abgelängt. Dabei kann das erste Stück als Maßstab für jeweils alle anderen Stücke gleicher Länge genommen werden.

Vorbereitung Alle Rahmenstücke werden fein verschliffen, dann werden alle Kanten gebrochen und die Stirnkanten leicht gerundet, damit die Latten leichter in die Steckverbinder rutschen.

So wird's gemacht Man steckt alle drei Giebelrahmen zusammen und schließt die vorderen und hinteren Giebelrahmen unten mit den Bodenhölzern. Mit einem Helfer werden alle drei Rahmen nebeneinander aufgestellt und oben die Dachfirstleiste durchgeschoben.
Dann werden die Dachknickseiten durchgeschoben und unten die Bodenleisten angesetzt und in die Rahmen durchgeschraubt.
Die Diagonalstreben mit den aufgesteckten Tür-/Fensterverbindern werden eingesetzt und alle Verbinder mit verzinkten Schrauben gesichert.

Bespannung Wenn das Gerüst steht, werden die Stoffbahnen ausgemessen. Dach und Seiten sind aus einem Stück. Die Breite wird also über die Giebelrahmen gemessen, die Länge an der Seitenleiste. Die Bespannung der Giebelfront wird

hinten ausgemessen. Ringsum muss eine Saumzugabe von 2 cm zugegeben werden. Am Gerüst wird die Bespannung mit doppelt abgenähten Stoffbändern befestigt.
Die fertigen Bänder näht man vorn, mittig und hinten so auf die Stoffbahn, dass die Bespannung an Dachfirst, Dachknick und Boden festgeknotet werden kann. Bei der Giebelbespannung werden die Bänder an den Eckpositionen festgenäht.
Damit man die Seiten überall hochkrempeln kann, muss man je Knick sechs 100 cm lange Bänder anfertigen und in Höhe des Dachknicks so auf beide Bespannungsseiten nähen, dass zwei 50 cm lange Enden dabei entstehen.

Spielhaus Man befestigt den Tür- und den Fensterrahmen mit Steckverbindern am Grundgestell. Tür und Fenster selbst können aus Stoff, Folie oder bunten Bändern sein. Für ein Gewächshaus braucht man je ein komplettes Tür- und Fensterelement sowie Folie zur Bespannung.

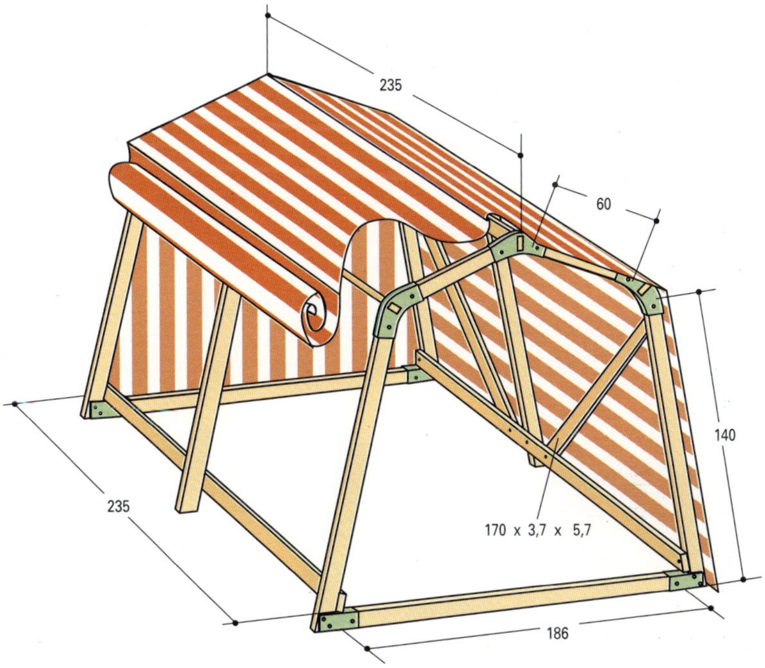

Bezeichnung	Stück	Material	Format
Gerüst			
Boden, links u. rechts	2	Fichte 37 x 57 mm *	Länge 235 cm
Boden, vorn u. hinten	2	Fichte 37 x 57 mm *	Länge 186 cm
Seiten, links u. rechts	6	Fichte 37 x 57 mm *	Länge 140 cm
Dachsparren	6	Fichte 37 x 57 mm *	Länge 60 cm
Dachknickseiten, links u. rechts	2	Fichte 37 x 57 mm *	Länge 235 cm
Dachfirst	1	Fichte 37 x 57 mm *	Länge 235 cm
Diagonalstützen	2	Fichte 37 x 57 mm *	Länge 170 cm
Steckelemente			
Winkelverbinder	9	Kunststoff	Innen 37 x 57 mm
Tür-/Fensterverbinder	4	Kunststoff	Innen 37 x 57 mm
Türrahmen			
Seiten, aufrecht	2	Fichte 37 x 57 mm *	Länge 143 cm
Oben, quer	1	Fichte 37 x 57 mm *	Länge 49 cm
Steckelemente			
Tür-/Fensterverbinder	6	Kunststoff	Innen 37 x 57 mm
Fensterrahmen			
Unten, quer	1	Fichte 37 x 57 mm *	140 cm
Oben, quer	1	Fichte 37 x 57 mm *	50 cm
Seite, aufrecht	2	Fichte 37 x 57 mm *	54 cm
Steckelemente			
Tür-/Fensterverbinder	8	Kunststoff	Innen 37 x 57 mm

Außerdem: Schleifpapier, Acryllack, Markisenstoff (ausmessen nach Gerüstbau). Steckelemente gibt es in Bau- und Gartenmärkten; * gehobelte Dachlatte

Die Sonne lockt und wir feiern im Garten. Der Rollwagen erspart Verdruss, denn statt Essen und Trinken, Geschirr, Besteck und Gläser Tablett für Tablett mühsam heranzuschaffen, wird einfach alles aufgeladen und ist sofort an Ort und Stelle. Also schnell ein wenig sägen und schrauben, Tisch decken – schon können die Gäste kommen und die Party geht los.

So wird's gemacht Sägen, bohren, schrauben – fertig: Auch Anfänger werden mit dem Zusammenbau des Rollwagens keine Schwierigkeiten haben. Es gibt – bis auf die schrägen Seiten – nur gerade, rechtwinklige Schnitte, die mit der Tisch- oder Handkreissäge, der Stichsäge oder einem Fuchsschwanz schnell und problemlos erledigt sind.
Der Winkelschnitt für die beiden schrägen Seiten ist dank der selbst gezeichneten Schablone (siehe Bild unten) im Maßstab 1:1 ebenfalls kein Problem, und links und rechts angelegte Zulagestreifen aus Sperrholz verhindern, dass die Passschlitze in den Seiten zu tief geraten. Konstruktion und Bauweise wurden ganz einfach ausgelegt, so dass man schnell und ohne Umschweife vorankommen kann, um sogleich zum nützlichen Teil zu schreiten und mit dem Wagen nun die Partyzutaten schnell an Ort und Stelle zu rollen.

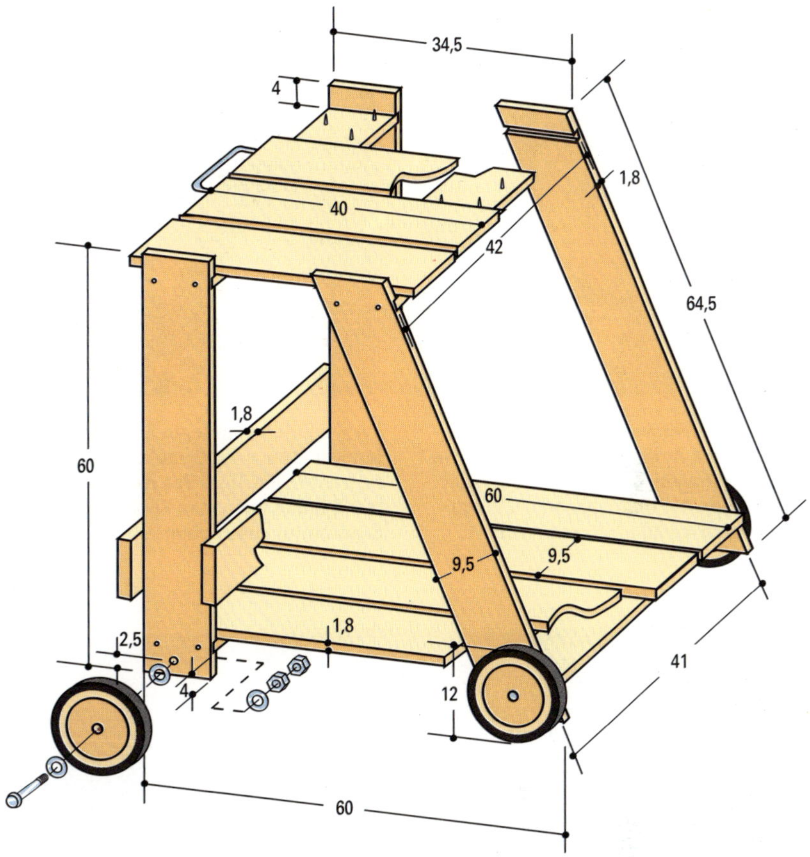

Die Zeichnung verdeutlicht den Zusammenbau. Durch den Flaschenkasten unten links und die schräg gestellten Seiten erhält die Konstruktion eine ausgezeichnete Stabilität.

Dieses Vorgehen erspart komplizierte Rechenarbeiten: Position und Maße für die Steckschlitze werden direkt von der selbst gezeichneten Schablonentafel abgegriffen.

Schablonenbrett Mit einer solchen Vorlage im Maßstab 1:1 erspart man sich mühsame Rechnereien. Das Brett kann ein 13 mm dicker Spanplatten- oder Tischlerplattenrest von 60 x 60 cm sein. Darauf werden – mit aufgelegtem Brett – die geraden und die schrägen Seiten positionsrichtig angerissen. Anschließend folgen dann die Schlitze für die Tischplatten. So kann, wie auf dem Foto links gezeigt, der winkelgetreue Schnitt für die Nutausschnitte direkt abgegriffen werden. Die Platte ist nicht verloren, denn man kann sie später für andere Bauvorhaben verwenden.

Die Schraublöcher (Ø 3 mm) in den Seiten und die Achslöcher (Ø 8 mm) für die Räder gelingen mit in den Bohrständer eingespannter Bohrmaschine (Zulagebrett unterlegen) exakt senkrecht.

Zwei seitlich angelegte Sperrholzstreifen von etwa zwei Drittel Brettstärke begrenzen die Tiefe des Nutausschnittes. Danach kann man die Nut mit dem Stechbeitel ausstechen.

Tischplattenbretter und Querträger werden verleimt und verschraubt. Zwischengelegte 10-mm-Sperrholzstreifen garantieren gleichmäßig breite Fugen.

Schräge Seiten Das in der Materialliste angegebene Maß ist die Kantenlänge nach dem Zuschnitt. Damit oben und unten noch ausreichend „Fleisch" für den notwendigen Schrägschnitt bleibt, sollen die Bretter 70 cm lang sein. Dann auf dem Schablonenbrett anlegen, Schrägen und Nut anreißen, ablängen und die Nutseiten schneiden.

Vorbereitung Unten in den Seiten bohrt man die Achslöcher für die Laufräder durch und bohrt dann oben und unten die Schraublöcher für die Querträger vor.
Die Tischplattendeckbretter werden mit 1 cm Zwischenabstand ausgelegt, die Querträger aufgeleimt und durch die Querträger in die Deckbretter geschraubt.

Zusammenbau Zunächst werden die Bretter einer Seite positionsrichtig auf die Schablonentafel gelegt, dann die Tischplatten eingesteckt und von einem Helfer festgehalten. Dann setzt man die anderen Seiten auf und leimt und schraubt sie fest. Das Ganze wird umgedreht, und die noch losen Seiten werden ebenfalls verleimt und verschraubt. Die Rechtwinkligkeit muss mit dem Winkel kontrolliert werden. Zum Schluss bringt man das Flaschenfach, den Griff und die Räder an.

Für den Kunststoffgriff werden Löcher in den hinteren Querträger gebohrt, dann wird Kleber auf die Schrauben gegeben und der Griff wird festklebt.

Nacheinander werden die untere und die obere Tischplatte in die Nutausschnitte eingeleimt und anschließend durchgeschraubt.

Unterlegscheiben links und rechts des Rades garantieren einen leichten Lauf. Auch auf der Innenseite wird eine Unterlegscheibe aufgeschoben, die mit zwei Muttern abgekontert werden muss.

Bezeichnung	Stück	Material	Format
Tischplatte unten			
Querträger	2	Fichte 19 x 95 mm	42 cm
Deckbretter	4	Fichte 19 x 95 mm	60 cm
Tischplatte oben			
Querträger	2	Fichte 19 x 95 mm	42 cm
Deckbretter	4	Fichte 19 x 95 mm	40 cm
Seiten, senkrecht	2	Fichte 19 x 95 mm	60 cm
Seiten, schräg	2	Fichte 19 x 95 mm	ca. 70 cm
Flaschenfach	2	Fichte 19 x 95 mm	48,6 cm

Außerdem: 4 Holzräder mit Gummibereifung Ø 12 cm, 1 Zuggriff (Möbelgriff) aus Kunststoff, 2 Haken aus Kunststoff, 4 Gewindeschrauben (verzinkt) M 6 x 60, 16 Muttern M 6 (verzinkt), 12 Unterlegscheiben (verzinkt) M 6, Schleifpapier, Wetterschutzlasur, wasserfester Leim, Schrauben (verzinkt)

S onnenbank mit kleinen Tischen

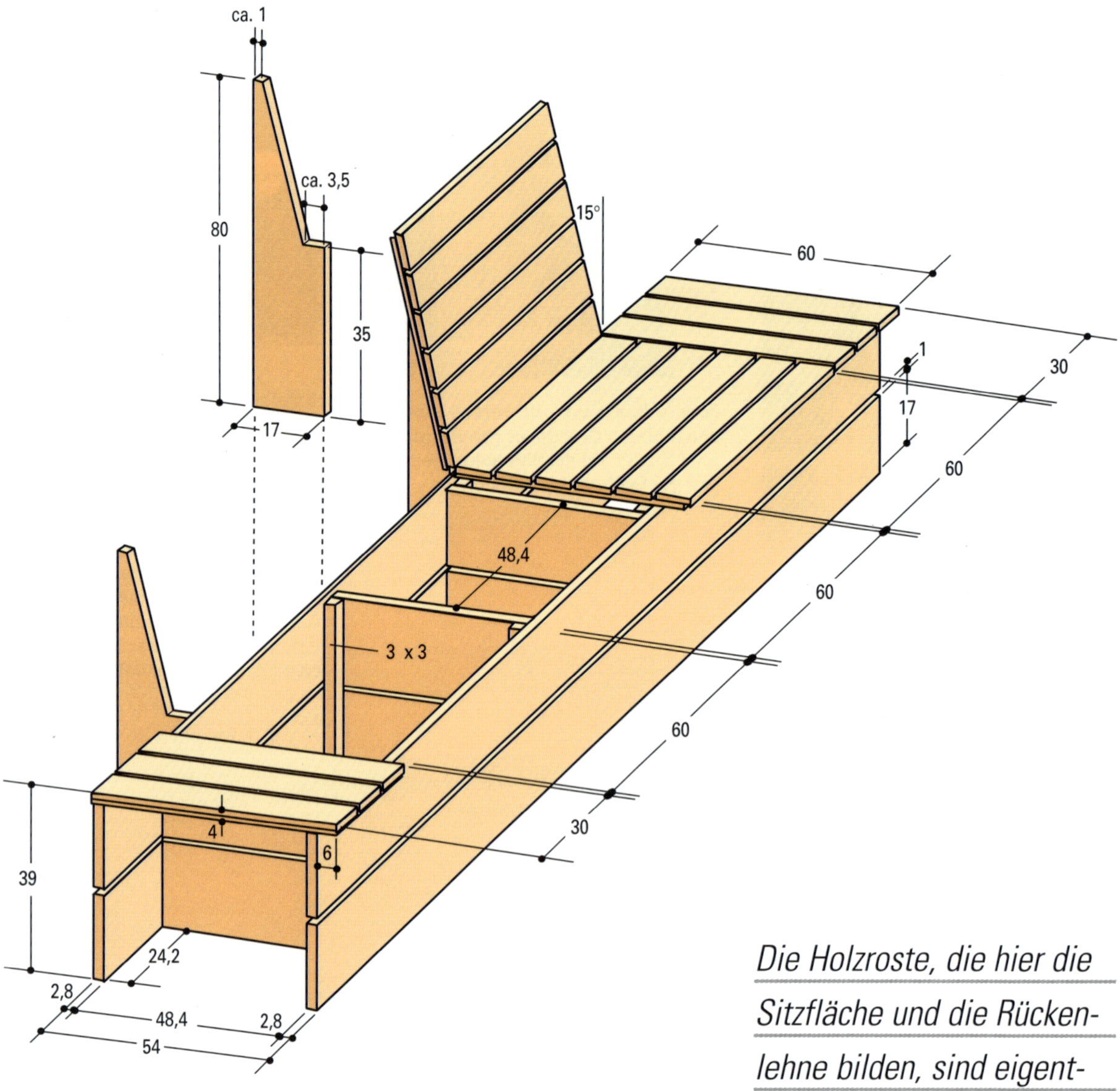

Die Holzroste, die hier die Sitzfläche und die Rückenlehne bilden, sind eigentlich als Gartenpflaster für Wege oder für Terrassen gedacht. Wir haben sie zweckentfremdet und daraus eine Bank, zwei kleine Tische und einen Servierwagen gebaut.

Die Gartenholzroste sind ein ideales Baumaterial. Sie werden ganz oder in der Mitte geteilt verbaut.

Ein schönes Plätzchen an der Sonne, bequem gepolstert mit Kissen, die Sie kaufen, aber auch selbst nähen können.

So wird's gemacht Mit einer Grundfläche von 60 x 60 cm haben die Holzroste das ideale Maß für Sitzflächen und Sitzlehnen. Wenn dann noch Kissen aufgelegt werden, sitzt man sehr bequem.

Der Zweisitzer hat bei einer Länge von 240 cm recht kommode Maße, so dass der Raum im Untergestell als Stauraum genutzt werden kann. Unterteilt durch die Zwischenwände, die zugleich die Konstruktion aussteifen, ergeben sich drei Staufächer, die durch klappbare Holzroste abgedeckt sind. Die Seitenablagen werden fest verschraubt.

Vor dem Zusammenbau Alle verwendeten Hölzer werden vor dem Zusammenbau mit Holzdeckfarbe lackiert, das Grundgestell weiß, Sitz und Sitzflächen gelb.

Das Grundgestell Der Kastenrahmen und die Kastenquerstücke bestehen aus jeweils zwei übereinander gesetzten Gartenholzbrettern. Alle Teile werden mit Eckleisten verbunden. Für jede Seite müssen die Gartenholzbretter positionsrichtig ausgelegt, und – für einen gleichmäßigen Zwischenraum – ein 1 cm dicker Sperrholzstreifen dazwischengelegt werden. Nun bohrt man die Eckleisten vor und legt sie nach der Zeichnung auf die Bretter. Dann wird

Bezeichnung	Stück	Material	Format
Sonnenbank			
Sitzflächen	2	Holzroste *	60 x 60 cm
Ablagen	2	Holzroste *	60 x 60 cm
Rückenlehne	2	Holzroste *	60 x 60 cm
Kastenseiten	4	Gartenholzbrett 2,8 x 17 cm *	240 cm
Kastenquerstücke	8	Gartenholzbrett 2,8 x 17 cm *	48 cm
Rückenstützen	4	Gartenholzbrett 2,8 x 17 cm *	80 cm
Eckleisten	8	Gartenholzleiste 3 x 3 cm *	35 cm

Außerdem: 8 Winkel (verzinkt) 40 x 40 x 40 cm, 6 Scharniere (verzinkt) 40 x 40 cm, Holzdeckfarbe, weiß u. gelb, Schrauben (verzinkt); * kesseldruckimprägniert

Die Sitzflächen sind zugleich Klappen. Sie werden mit aufgesetzten Rollscharnieren an den Rückenlehnen angeschlagen.

durch die Leisten in die Bretter durchgeschraubt.
Jetzt werden beide Seiten aufgestellt, die Gartenholzbretter für die Außenseiten angesetzt und durch die Roste in die Eckleisten durchgeschraubt. Als Nächstes werden die Innenbretter eingestellt und auch in die Eckleisten durchgeschraubt.
Nun stellt man die Rückenstützen auf die kurzen Kanten, die Rückenlehne wird aufgelegt und dann in die Rückenstützen durchgeschraubt. Als Nächstes setzt man die Rückenstützen mit den Lehnen hinter den Grundkasten und schraubt sie an der Kastenrückseite an.
Ein Gartenholzrost wird geteilt, die Hälften links und rechts auf den Grundkasten gesetzt und durchgeschraubt.
Die Sitzflächen werden mit Klappscharnieren an die Rückenlehnen angeschlagen. Zwischen den Sitzen wird ein Gartenholzrost als Klappe und Ablage ebenfalls mit Klappscharnieren (an der Kastenrückwand) angeschlagen.

Kleiner Tisch mit und ohne Rollen

Die Tische sind ganz schnell und einfach gebaut: Die Tischbeine werden mit Acryllack lackiert, dann in die Ecken der Rostunterseiten eingepasst und durch die Zargenleisten in die Beine durchgeschraubt.
Für den Rolltisch müssen zuvor die Rollen untergesetzt werden. Dabei gibt es zwei Methoden: Rollen mit Grundplatte werden untergeschraubt oder Rollen mit Stift in zuvor schon gebohrte Löcher eingesteckt.

Im Handumdrehen fertig: zwei Tische aus Rosten und Leisten. Der kleine Tisch ist sogar mobil.

Bezeichnung	Stück	Material	Format
Kleine Tische			
Tischplatte	1	Holzrost *	60 x 60 cm
Tischbeine	4	Fichte/Kiefer Ø 6 cm	ca. 66 cm
Rolltischbeine	4	Fichte/Kiefer Ø 6 cm	ca. 50 cm

Außerdem: 4 Rollen (Teewagenrollen), Schrauben (verzinkt), Acryllack;
* kesseldruckimprägniert

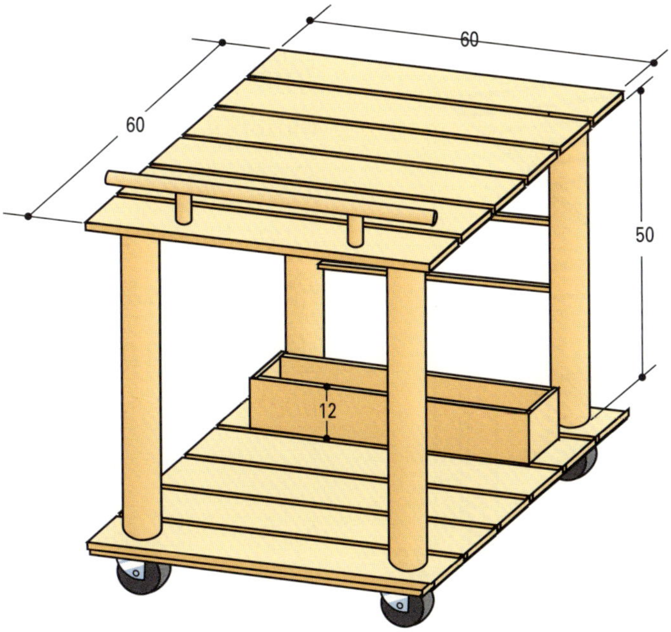

Der Rollwagen hat ein Geschirrfach, die beiden Dübelstangen vorn sind Handtuchablage und Stabilisatoren zugleich.

Rollwagen (Servierwagen) Die Bauweise ist ähnlich wie bei den kleinen Tischen, es kommen aber noch eine Tischplatte unten, ein Griff, Querstangen und das Besteckfach hinzu.

Zunächst werden wieder alle Teile lackiert, dann wird die Griffstange vorgebohrt, der Griffsockel untergesetzt und durch die Griffstange in die Sockel gebohrt.

Nun setzt man die Griffstange in Position und bohrt durch die Tischfläche in die Griffsockel. In den beiden hinteren Tischbeinen werden die Stecklöcher für die Dübelquerstangen vorgebohrt und die Stangen eingeleimt. Die Tischbeine setzt man auf die untere Tischfläche und bohrt durch die Platte in die Rundhölzer (Beine). Die obere Tischplatte wird aufgesetzt und durch die Zargenleisten in die Tischbeine gebohrt. Nun setzt man den Besteckkasten zusammen. Der Besteckkasten wird eingestellt und am Boden verschraubt. Zum Schluss setzt man die Rollen unter und verschraubt sie – der Servierwagen ist fertig!

Material und Werkzeug: Die Tischbeine werden mit dem Fuchsschwanz abgelängt und die Rollen werden untergeschraubt.

Bezeichnung	Stück	Material	Format
Rollwagen			
Tischplatte, oben	1	Holzroste *	60 x 60 cm
Tischplatte, unten	1	Holzroste *	60 x 60 cm
Tischbeine	4	Fichte/Kiefer Ø 6 cm	50 cm
Holzgriff (dreiteilig)	1	Dübelstange Ø 2,8 cm	ca. 80 cm
Besteckfachseiten, lang	2	Sperrholz AW 100, 10 mm	12 x 55 cm
Besteckfachseiten, kurz	2	Sperrholz AW 100, 10 mm	12 x 10 cm
Besteckfach, Boden	1	Sperrholz AW 100, 10 mm	12 x 55 cm

Außerdem: 4 Apparatelenkrollen, Schrauben (verzinkt), Acryllack,
* kesseldruckimprägniert

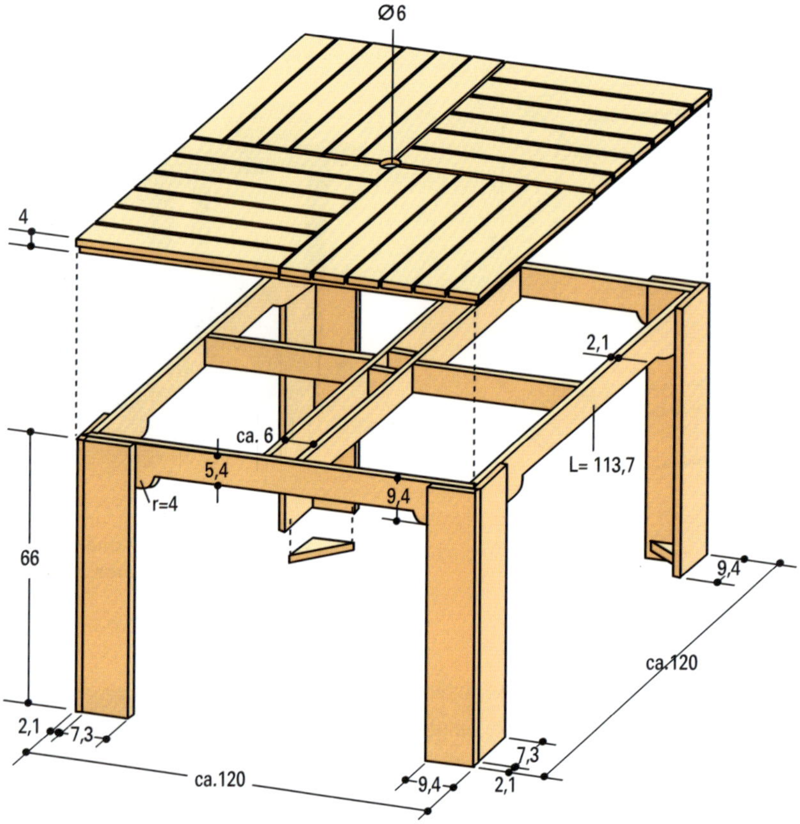

Die Holzroste sind ein wirklich universelles Baumaterial. Auch ein großer Gartentisch lässt sich mit ihnen bauen. Weil die Roste wetterfest sind, kann der Tisch die ganze Saison über draußen bleiben.

Das Bauvorhaben beschränkt sich bei diesem Gartentisch auf das Untergestell aus Beinen und Zargen, da die Platte ja schon aus den fertigen Holzrosten besteht. Damit die winkelförmigen Beine gleich lange Schenkel haben, werden sie aus einem schmalen und einem breiten Gartenholzbrett zusammengesetzt. In die Winkel gesetzte Dreiecke geben den Beinen ihre nötige Festigkeit. Da der Sonnenschirm in der Tischmitte durchgeführt wird, werden die Innenecken der Roste abgeschrägt. Wer möchte, kann mit der Holzraspel noch eine Rundung einarbeiten, so dass am fertigen Tisch ein kreisrunder Ausschnitt entsteht.

So wird's gemacht Für die Tischbeine werden zunächst Aussteifungsdreiecke aus Resthölzern geschnitten, in ein Winkelstück wird die Gewindekrampe für den Höhenversteller eingeschlagen (zuvor muss ein Loch für den Gewindeschaft gebohrt werden). Dann wird jeweils ein

schmales und ein breites Gartenholzbrett stumpf gegeneinander gesetzt, eingeleimt und durchgeschraubt. Anschließend werden die Aussteifungsdreiecke in die Innenwinkel geleimt und durch die Beinseiten durchgeschraubt.

Um den Zargenrahmen zu bauen, wird zunächst für das Zargenkreuz eine kurze und eine lange Verstärkungsleiste T-förmig zusammengeleimt und durchgeschraubt. Für die Durchführung des Sonnenschirmfußes zwischen die Gartenhölzer der doppelten Mittelzarge werden die beiden Distanzstücke eingesetzt, verleimt und durchgeschraubt.

Für den Zargenrahmen werden jeweils zwei Gartenbretter L-förmig stumpf aneinander gesetzt, verleimt und durchgeschraubt. Das fertige Zargenkreuz wird in den Zargenrahmen eingeleimt und festgeschraubt. Dazu muss man jeweils zwei Schrauben durch den Rahmen in die Stirnseiten der Kreuzhölzer drehen.

Fertigstellung Die Roste werden so auf den Zargenrahmen geleimt und durchgeschraubt, dass sie ringsum um eine Brettdicke (21 mm) überstehen. Die fertige Tischplatte wird umgedreht, die Beine werden auf die Eckwinkel der Zargen gesetzt, verleimt und durchgeschraubt.

Wer möchte, kann die Beine auch so anbringen, daß sie wieder abzubauen sind, um den Tisch für den Winter platzsparend unterbringen zu können. Für jedes Bein benötigt man vier Schlossschrauben, die übereinander gesetzt werden und durch die Beinseiten in den Zargenrahmen greifen. Die Beine werden angesetzt, eine Seite wird mit einer Schraubzwinge gesichert. Nun bohrt man durch die freie Seite und die Zarge die Schraublöcher, setzt die Schraubzwinge um und bohrt die Löcher auch durch die andere Seite.

Die Schlossschrauben werden von außen angesetzt, die auf der Innenseite hervorragenden Gewinde werden mit Hutmuttern (so kann man sich nicht verletzen) gesichert.

Bezeichnung	**Stück**	**Material**	**Format**
Gartentisch			
Tischplatte	4	Holzroste *	60 x 60 cm
Fußbrett, breit	4	Gartenholzbrett 21 x 94 mm *	68 cm
Fußbrett, schmal	4	Gartenholzbrett 21 x 73 mm *	68 cm
Fußaussteifung	4	Gartenholzdreiecke (Reste) *	Schenkel 7 cm
Zargen	4	Gartenholzbrett 21 x 94 mm *	113,7 cm
Leisten, lang	2	Gartenholzbrett 21 x 54 mm *	111,6 cm
Leisten, kurz	2	Gartenholzbrett 21 x 54 mm *	50,7 cm
Distanzstücke	2	Gartenholzbrett 21 x 54 mm *	6 cm

Außerdem: 1 Höhenversteller, 1 Sonnenschirm mit Standfuß, wasserfester Leim, Schrauben (verzinkt), Schleifpapier, Holzdeckfarbe; * kesseldruckimprägniert

Kinderpool

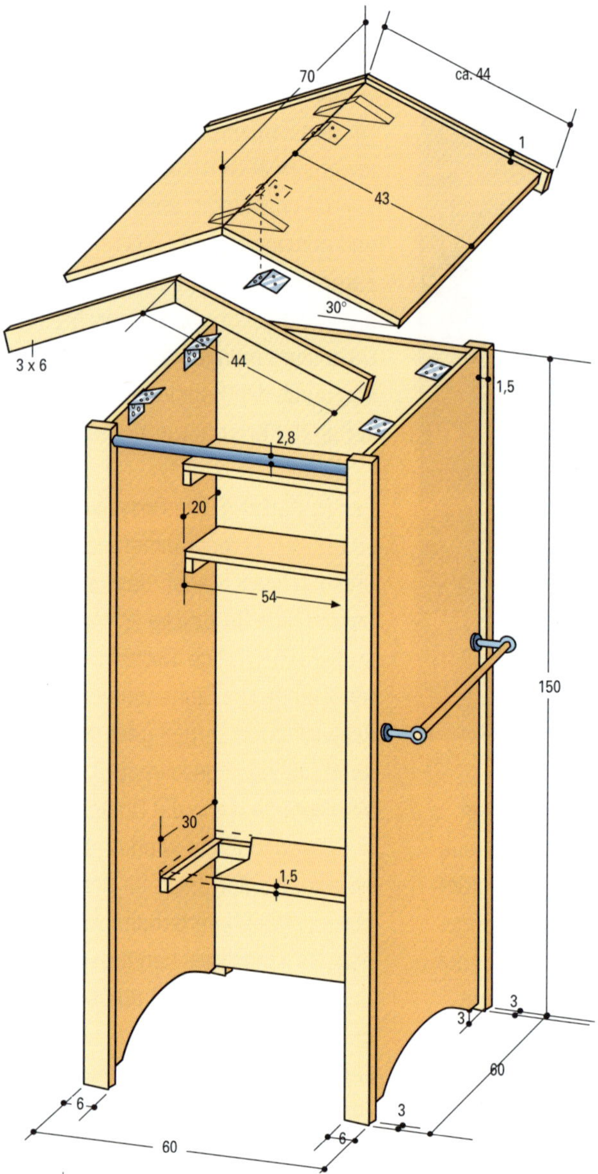

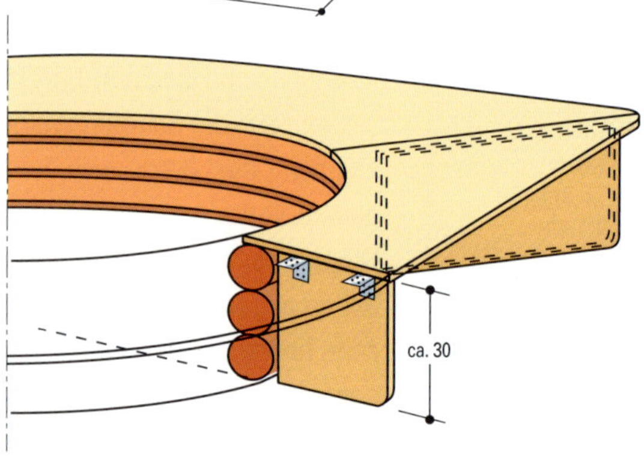

Nichts ist für Kinder schöner, als in der Sommerhitze mal schnell ins kühle Nass zu springen und so richtig zu plantschen. Wir bauen nur die Umrandung und die Umkleidekabine. Gebadet wird in einem aufblasbaren Kinderpool.

Bevor man mit dem Bau der Umrandung beginnt, muss erst einmal das Plastikbecken besorgt werden. Seine Maße bestimmen die Höhe und den Innendurchmesser der Umrandung. Weil nicht nur die Wellen, sondern in erster Linie die plantschenden Kinder das Plastikbecken ganz schön ins Wanken bringen können, muss die Umrandung etwa 1 cm höher als das Becken sein. Der Innendurchmesser der Umrandung soll so bemessen sein, dass der Beckenwulst zu drei Viertel überdeckt wird.

So wird's gemacht Der Innendurchmesser und die Höhe der Umrandung wird entsprechend dem Plastikbecken aufgezeichnet, dann sägt man die Umrandung mit der Stichsäge, die Stützen mit der Tischkreissäge. Um Verletzungen vorzubeugen, rundet man alle Kanten bis auf die Oberkanten der Stützen. Nun leimt man die Stützen nach Plan unter die Umrandungen und schraubt sie mit den Winkeln fest. Die äuße-

Bezeichnung	Stück	Material	Format
Kinderpool			
Umrandung	2	Sperrholz AW 100, 15 mm	90 x 210 cm
Kurze Stützen	8	Sperrholz AW 100, 15 mm	ca. 20 x 30 cm
Lange Stützen	2	Sperrholz AW 100, 15 mm	ca. 40 x 30 cm

Außerdem: Kinderplantschbecken zum Aufblasen (Höhe ca. 30 cm), 32 Winkel (verzinkt) 40 x 40 x 40 mm, Schrauben (verzinkt) für die Winkel, Schleifpapier, Acryllack, wasserfester Leim

Bezeichnung	Stück	Material	Format
Umkleidekabine			
Rückwand	1	Sperrholz AW 100, 15 mm	54 x 147 cm
Seiten	2	Sperrholz AW 100, 15 mm	54 x 147 cm
Sitzbank	1	Sperrholz AW 100, 15 mm	30 x 54 cm
Tragleisten, Sitzbank	2	Sperrholz AW 100, 15 mm	3 x 28 cm
Tragleisten, Sitzbank	1	Sperrholz AW 100, 15 mm	3 x 51 cm
Borde	2	Sperrholz AW 100, 15 mm	20 x 54 cm
Tragleisten für Borde	4	Sperrholz AW 100, 15 mm	3 x 18 cm
Eckpfosten	4	Fichte 3 x 6 cm	150 cm
Dach	2	Sperrholz AW 100, 15 mm	43 x 70 cm
Dachleisten (First)	4	Kiefer 3 x 6 cm	ca. 44 cm
Vorhangstange	1	Fichte Ø 28 mm	48 cm

Außerdem: Für die Dachaussteifung 2 Dreieckstücke (Sperrholz AW 100, 15 mm) aus Zuschnittleisten schneiden, Schrauben (verzinkt) 40 x 40 x 40 mm, 2 Holzdübel Ø 8 mm für die Vorhangstange, 2 Kleiderhaken, Vorhang mit Ringen, Handtuchstange mit Halterung, Acryllack, wasserfester Leim, 1 Holzrost * 60 x 60 cm als Kabinenboden, ca. 12 Holzroste als Laufsteg; * kesseldruckimprägniert

ren Stützen schließen plan mit den Umrandungskanten ab. Dann wird zweimal lackiert.

Aufbau Beide Seiten werden aufgestellt und dort, wo die Stützen aneinander stoßen, verschraubt oder (platzsparend für das Winterlager) mit Schlossschrauben verbunden.

Kabine Die Eckleisten werden auf die Seitenkanten geleimt und durchgeschraubt. Als Nächstes wird die Rückwand eingepasst, verleimt und ebenfalls durchgeschraubt. Der fertige Korpus wird oben mit der Vorhangstange ausgesteift, dann werden die Tragleisten für Regale und Sitzbank eingeleimt und verschraubt.

Dach bauen Die beiden Dachflächen werden angeschrägt, aneinander gesetzt und verleimt. Nun leimt man die Dachaussteifung im Innenwinkel ein und schraubt sie durch. Für die Dachbefestigung werden dann links und rechts oben je zwei Winkel innen auf die Dachflächen geschraubt und entsprechend der Dachneigung aufgebogen. Das Dach wird aufgesetzt und mit vier Winkeln festgeschraubt. Nun werden die Firstleisten gegengesetzt, verleimt und durchgeschraubt.

Fertigstellung Die fertige Umkleidekabine wird lackiert. Zuerst lackiert man die hellen Flächen. Nach dem Trocknen klebt man die Ränder ab und setzt Eckleisten, Dach und Kleiderstange blau ab.

Zwei Pflanzkästen aus Faserzement bilden das Grundelement. Gebaut werden können eine Sitzbank oder ein Tisch. Tischplatte und Sitzfläche sind baugleich, werden aber in verschiedenen Positionen an den Pflanzkästen befestigt. Für die Sitzbank muss zusätzlich noch die Rückenlehne gebaut sowie eine Tragleiste an die Pflanzkästen geschraubt werden. Zusätzliche Sicherungen sind nicht nötig, denn die mit Erde gefüllten und bepflanzten Kästen haben ein solches Gewicht, dass sie stabil stehen und weder rutschen noch kippen können.

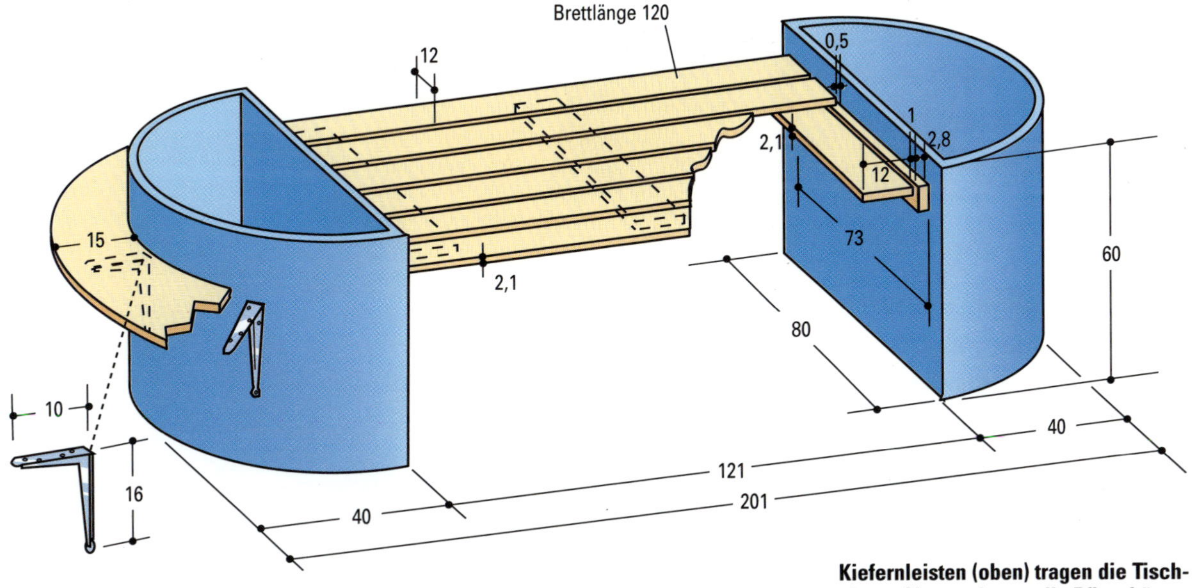

Kiefernleisten (oben) tragen die Tischplatte. Sie werden an die Pflanzkästen geschraubt. Für die Bank werden die Tragleisten in Sitzhöhe angeschraubt.

So wird's gemacht Sitz- bzw. Lehnenbretter sowie die Zargen sind aus Gartenholzbrettern und werden miteinander verleimt und dann verschraubt. Dazwischengelegte Distanzstreifen aus 10 mm Sperrholz garantieren bei der Montage gleichmäßige Fugen, damit stehendes Wasser restlos abfließen kann. Damit es keine Parallelverschiebung gibt, werden die Bretter jeweils mit zwei Schrauben von unten her an die Zargen geschraubt. Die schon fertigen Roste aus imprägniertem Gartenholz werden rundum geschliffen und die Schnittkanten mit einer Holzschutzlasur nachbehandelt.

Kästen aufstellen Für den Tisch wird je eine Tragleiste gegen die Innenseiten der Pflanzkästen gesetzt und durchgeschraubt. Für die Bank werden die Leisten für die Sitzfläche und die Rückenlehne ebenso angebracht. Dort, wo die Pflanzkästen aufgestellt werden sollen, muss der Untergrund nivelliert werden, damit die beiden Kästen auf gleicher Höhe stehen.
Wer möchte, kann auch ein Kiesbett ausheben und zu einem Viertel mit grobem, dann die restlichen drei Viertel mit feinem Kies füllen. Wer

Bezeichnung	Stück	Material	Format
Tisch			
Tischplatte	6	Gartenholzbrett 21 x 120 mm *	120 cm
Tischzargen	3	Gartenholzbrett 21 x 120 mm *	73 cm
Tragleiste, Tischplatte	2	Gartenholzleiste 28 x 56 mm *	73 cm
Bank			
Rückenlehne	3	Gartenholzbrett 21 x 120 mm *	120 cm
Lehnenzargen	3	Gartenholzbrett 21 x 120 mm *	35 cm
Tragleisten, Lehne	2	Gartenholzleiste 28 x 56 cm *	35 cm
Halbrundkonsole	1	Sperrholz AW 100, 15 mm	30 x 80 cm
Pflanzkästen	2	Faserzement, R = 40 cm	B=80 cm, H=60 cm

Außerdem: 3 Konsolträger 10 x 16 cm, wasserfester Leim, Acryllack, Schrauben (verzinkt); * kesseldruckimprägniert

die Füße unter dem Tisch nicht gern ins Gras stellt, kann natürlich auch ein durchgehendes Fußbettfundament anlegen. Für die Bank genügen zwei kleine Einzelfundamente, weil man ja die Füße nicht darunter, sondern davor stellt.

Sehr wichtig Im Boden der Pflanzkästen müssen Löcher vorhanden sein, damit Wasser ablaufen kann und die Pflanzen nicht zu nass werden. Sind keine Löcher im Kasten vorhanden, kann man in den Boden der Gefäße mit einer Bohrmaschine und einem 10-mm-Bohrer etwa 10 Löcher bohren.

Fertigstellung Die auf diese Weise vorbereiteten Pflanzkästen werden

Geringer Aufwand und große Wirkung: Pflanzkästen, Gartenhölzer und blauer Acryllack – schnell ist das Möbel fertig.

an Ort und Stelle aufgestellt und unten zu einem Fünftel mit einer Drainageschicht aus grobem Kies gefüllt. Darauf kommt Blumenerde und die Kästen können bepflanzt werden. Anschließend werden Tischrost oder Sitzrost und Rückenlehne befestigt.

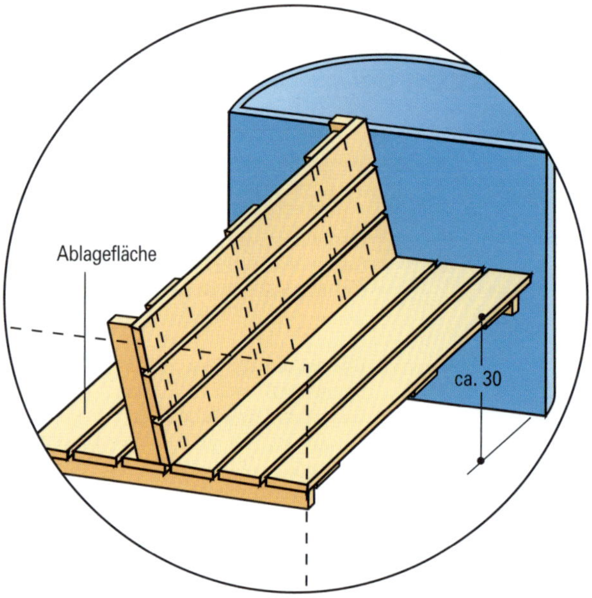

Seitenablage Das Bord wird zugeschnitten und die Innenrundung gegebenenfalls mit einer Holzraspel nachgearbeitet. Alle Kanten müssen geschliffen und lackiert werden. Zum Schluss werden die Konsolträger untergeschraubt, das fertige Bord gegen den Pflanzkasten gesetzt und festgeschraubt.

Ein schattiges Plätzchen zum Malen zum Zeichnen und auch zum Arbeiten mitten im Grünen.

Kesseldruckimprägniertes Holz

Holz ist ein beliebtes Baumaterial für den Garten. Damit es möglichst lange hält, wird es nach einem speziellen Druckverfahren imprägniert. Kesseldruckimprägniertes Holz, meist Nadelholz aus europäischen Wäldern, wird in Baumärkten, bei Holzhändlern oder in Gartenfachmärkten in vielfältiger Form als Pfosten, Gitter, Roste u.a. angeboten. Qualitätsimprägnierungen sind chrom- und arsenfrei. Sie bestehen aus einer Ammonium-Kupfer-Verbindung mit Wasser und werden durch Überdruck in das Holz eingepresst. Dadurch wird das Holz vor dem Befall von Bakterien, Pilzen oder Insekten geschützt. Bei der Bearbeitung, beim Zuschneiden und beim Schleifen sollte man sorfältig darauf achten, dass Staub oder Sägespäne nicht in den Mund gelangen. Eine Atemschutzmaske leistet gute Dienste. Schnittstellen müssen mit einem farblosen Holzschutzmittel nachbehandelt werden. Die Werkstücke dürfen aber erst nach der Trocknung weiterbearbeitet werden.
Imprägnierte Hölzer guter Qualität erfüllen die Bestimmungen RG 411 der RAL-Gemeinschaft. Deshalb sollte man auf den Kauf von Billigware besser verzichten. Restholz darf nicht verbrannt, sondern muss fachgerecht entsorgt werden.

Geriffelte Oberflächen bei Gartenholz verringern die Rutschgefahr.

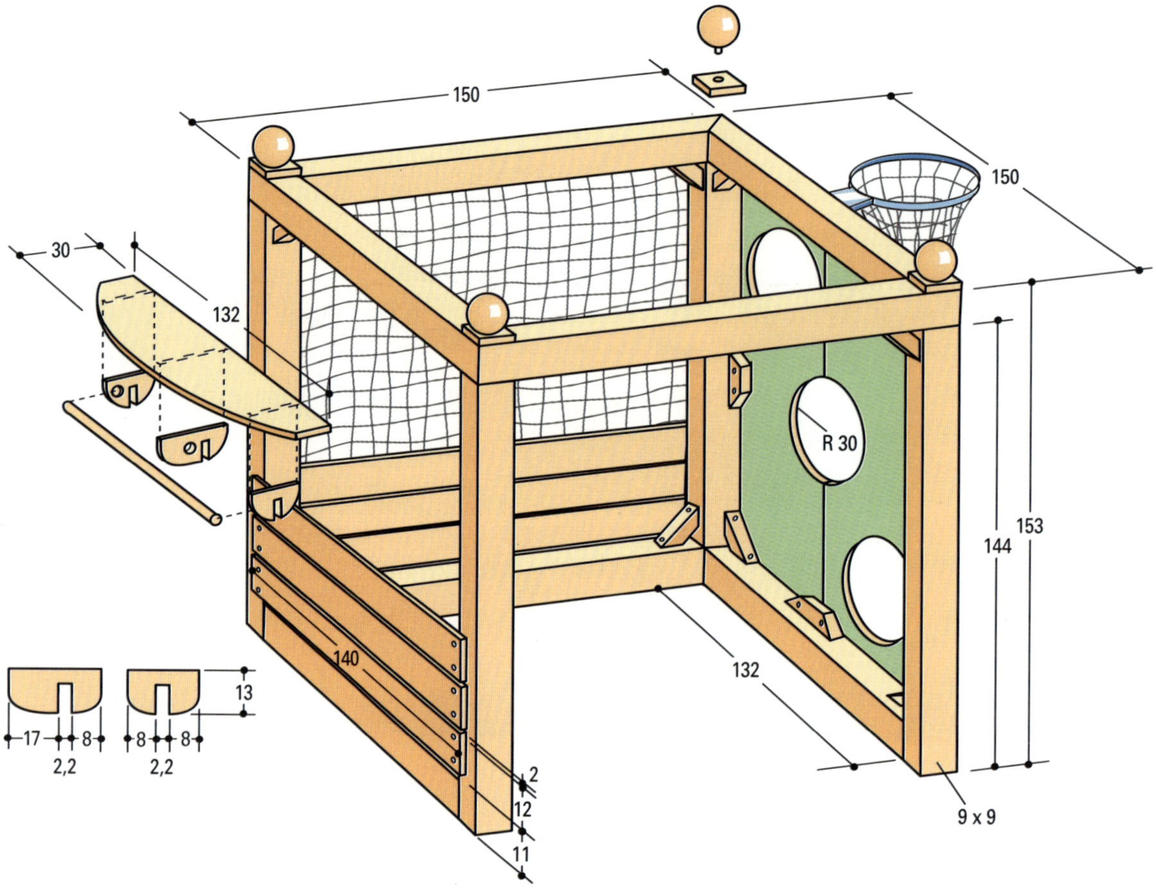

Sport ist angesagt: Bälle ins Netz treten oder in den seitlich angehängten Korb werfen, Zielkicken auf die Torwand und auf Blechdosenstapel. Die Ergebnisse werden gleich auf die Tafel geschrieben. Für die Siegesfeier wird die Sportbox zur Bar mit angebautem Tresen umfunktioniert.

Die große Zeichnung oben zeigt alle Maße und verdeutlicht den Zusammenbau, die Theke wird nach der kleinen Zeichnung links gebaut. Die fertige Theke (oben) wird auf die Seitenverschalung gesteckt.

So wird's gemacht Der obere Rahmen verbindet die Pfosten und steift die Konstruktion aus. Damit der Rahmen sicher auf den Pfosten liegt, werden die Rahmenhölzer auf Gehrung zusammengefügt. Alle anderen Rahmenhölzer werden mit Hilfe der Diagonalstreben stumpf verbunden. Wer möchte, kann auch Nagelverbinder aus dem Dachstuhlbau verwenden.

Gerüst bauen Als Erstes schneidet man alle Hölzer nach der Materialliste zu, die oberen Rahmenhölzer auf Gehrung. Der obere Rahmen wird zusammengelegt und im rechten

Winkel ausgerichtet. Auf jede Ecke wird nun eine Diagonalstrebe aufgelegt und festgeschraubt. Jetzt setzt man die beiden Seitenpfosten und die unteren Rahmenhölzer zusammen und fügt sie mit den in die vier Ecken eingelegten Diagonalstreben zusammen.
Der obere Rahmen wird nun auf eine Seite gelegt, der Seitenrahmen standrichtig angesetzt und mit Diagonalstreben zusammengefügt. Der fertige Rahmen wird mit Holzdeckfarbe gestrichen. Ebenso werden alle Diagonalstreben gestrichen.

Fertigstellung Das Gerüst wird aufgestellt, die Seitenverschalung gestrichen und festgeschraubt. Für die Torwand im rechten Rahmen werden mittig die Diagonalstreben angesetzt und festgeschraubt. Danach setzt man die Torwand ein und schraubt sie auf die Diagonalstreben.

Theke bauen Theke und Stützen werden mit der Stichsäge zugeschnitten und dann die Stützen unter die Theke geleimt und durchgeschraubt. Die fertigen Stützen werden lackiert und auf die Seitenverschalung gesteckt. Zum Schluss werden die Holzkugel und die Holzplatte aufgesetzt. Oben in die Rahmenecken wird ein Dübel eingelassen und die Eckplatten und Kugeln darauf festgeleimt.

Holzkugel und Brett dienen als Eckverzierung, verhindern aber gleichzeitig, dass Wasser in die Pfosten eindringt.

Bezeichnung	Stück	Material	Format
Pfosten	4	Gartenholzpfosten 9 x 9 cm *	144 cm
Rahmen, oben	4	Gartenholzpfosten 9 x 9 cm *	150 cm
Rahmen, unten	3	Gartenholzpfosten 9 x 9 cm *	132 cm
Seitenverschalung	6	Gartenholzbrett 2,1 x 12 cm *	140 cm
Diagonalstreben	16	Gartenholz 4,5 x 7 cm *	22 cm
Torwand (evtl. teilen)	1	Sperrholz AW 100, 15 mm	131,5 x 131,5 cm
Theke	1	Sperrholz AW 100, 15 mm	30 x 132 cm
Schmale Stützen	2	Sperrholz AW 100, 15 mm	13 x 18,2 cm
Breite Stütze	1	Sperrholz AW 100, 15 mm	13 x 27,2 cm

Außerdem: Rundholz Ø 2 cm, 85 cm lang, 4 Holzkugeln Ø 9 cm mit Platte *, Ballfangnetz ca. 150 x 150 cm mit Befestigungsschnur, wasserfester Leim, Schleifpapier, Holzdeckfarbe, Schrauben (verzinkt), Acryllack oder Tafellack; * kesseldruckimprägniert

Hier sind zwei interessante Bauvorschläge, die eine gemeinsame Grundkonstruktion haben, sich aber in Dekoration und Nutzung unterscheiden: Mit dem Kinderladen kann schon einmal das Geschäftsleben trainiert werden, mit dem Spielhaus und dahinter aufgestellter Gartensitzgruppe das Familienleben.

So wird's gemacht Weil die Fassade allein nicht stehen kann, wird sie beim Laden mit zwei im rechten Winkel angesetzten Zaunelementen abgestützt. Die Fassade des Spielhauses wird von der dahinter gestellten Kindersitzgruppe gehalten.

Der „Rohbau" Damit beim Schrägschnitt für den Giebel oben noch ausreichend „Fleisch" bleibt, wird die Fassade aus einer 120 x 135 cm großen Sperrholzplatte geschnitten. Dachschrägen und Fensterausschnitt werden auf der Platte angerissen und mit der Stichsäge ausgesägt. Die Schnitte gelingen exakt gerade, wenn man eine Hilfsleiste auf der Platte festzwängt oder stiftet. Als Nächstes bohrt man die Eckpunkte des Fensterausschnitts vor, damit man mit der Stichsäge hier wenden kann.

Der Fensterrahmen aus den 4,5 cm breiten Sperrholzstreifen muss zur Probe eingepasst, dann wieder herausgenommen und zusammengeleimt werden. Jetzt passt man die Dachflächen im Winkel mit einer Holzraspel zusammen und rundet die Enden. Danach werden die Dachflächen verleimt und gestiftet.

Die beiden Büsche links und rechts werden aus dem Fensterausschnitt gesägt und die Schraublöcher zur Befestigung der Holzkugeln vorgebohrt.

Wenn auch der Schornstein fertig ist, werden die Schnittkanten aller Bauteile fein verschliffen und alle Kanten gebrochen. Danach wird zweimal mit Acryllack lackiert.

Zusammenbau Alle Teile werden geleimt und gestiftet. Zunächst setzt man den Fensterrahmen ein und bringt links und rechts daneben die Fensterläden an. Dann wird das Dach aufgebracht und darauf der Schornstein mit zwei Winkeln festgeschraubt. Vorn wird in den Winkel zwischen Dach und Fassade eine Profilleiste als Abschluss (Ortgang) eingeleimt und gestiftet.

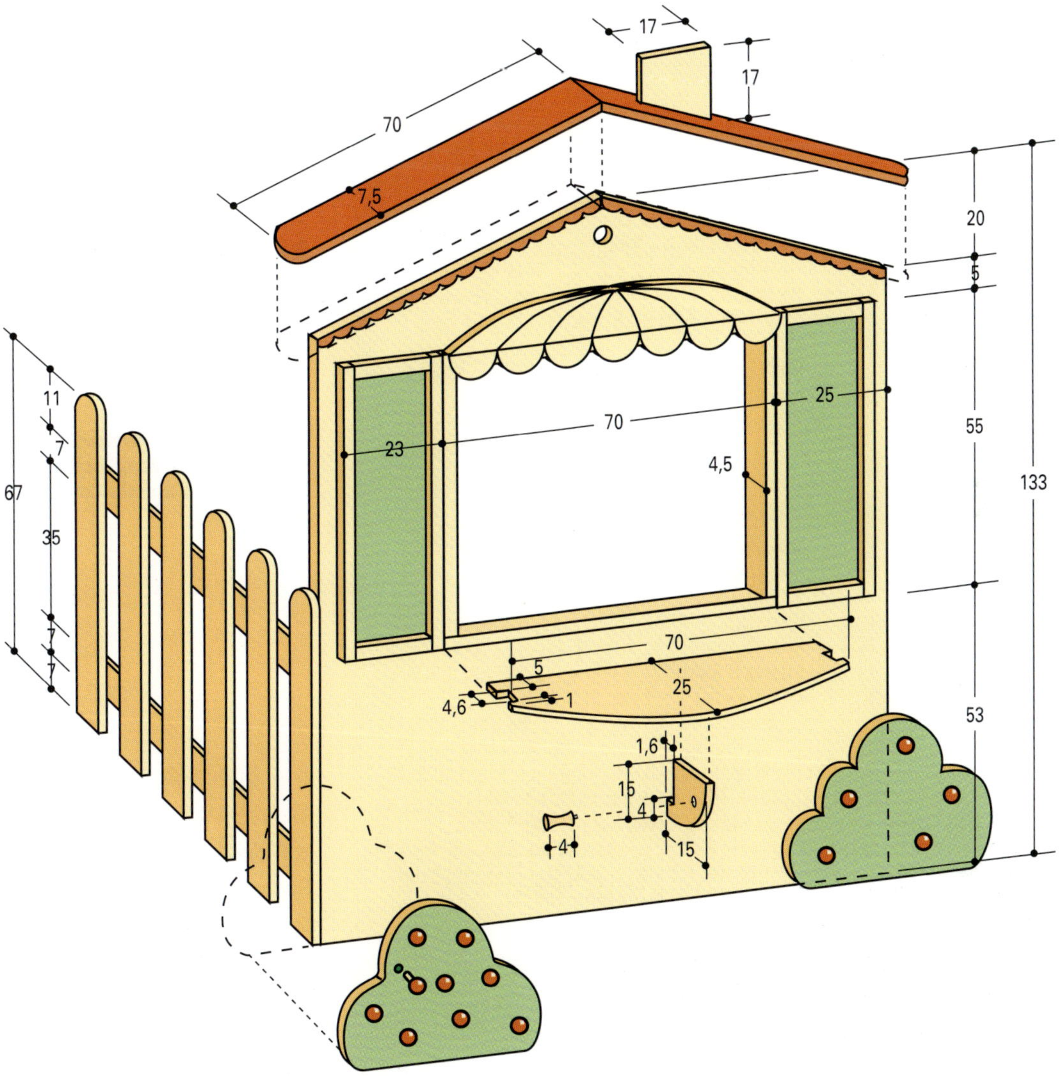

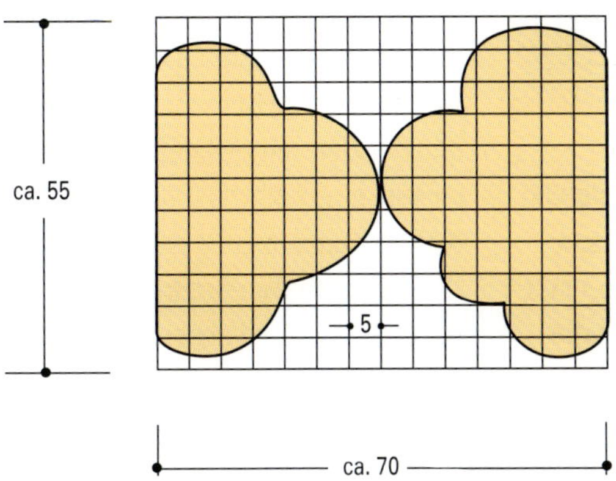

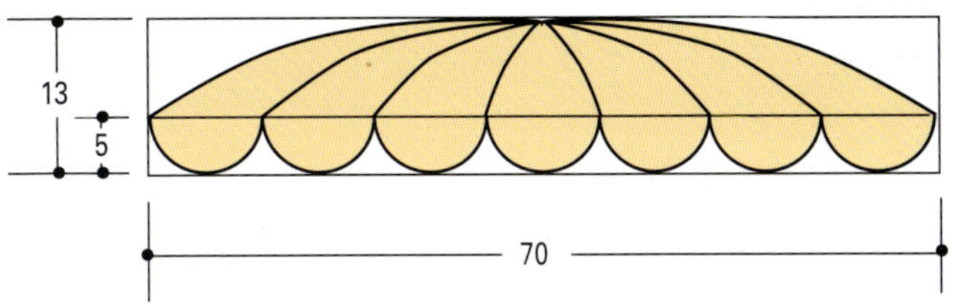

Die große Zeichnung oben verdeutlicht die Konstruktion und zeigt, wie die Teile zusammenpassen. Die Büsche werden aus dem Fensterausschnittrest geschnitten, die Konturen vorher mit dem Rastermaß übertragen (Zeichnung links). Für die Markise wird die kleine Zeichnung oben auf das Werkstück übertragen (jede Rundung ist 10 cm breit).

Bezeichnung	Stück	Material	Format
Grundmaterial			
Fassade	1	Sperrholz AW 100, 15 mm	120 x 133 cm
Dach	2	Sperrholz AW 100, 15 mm	7,5 x 70 cm
Schornstein	1	Sperrholz AW 100, 15 mm	17 x 17 cm
Fensterrahmen, senkr.	2	Sperrholz AW 100, 15 mm	4,5 x 52 cm
Fensterrahmen, quer	2	Sperrholz AW 100, 15 mm	4,5 x 70 cm
Fensterladen, senkr.	4	Fichtenleisten 1 x 2 cm	55 cm
Fensterladen, quer	4	Fichtenleisten 1 x 2 cm	19 cm
Abschluss (Zierleiste)	2	Profilleiste/Bilderleiste	ca. 70 cm
Busch (Zuschnittrest aus Fensterausschnitt)	2	Sperrholz AW 100, 15 mm	35 x 55 cm
Rote Beeren	20	Holzkugeln	Ø 2,5 cm

Außerdem: wasserfester Leim, Schleifpapier, Acryllack, Schrauben (verzinkt), Nägel (verzinkt), 2 Stuhlwinkel für Kamin (Schenkellänge 2, 5 cm), 2 Holzknöpfe für Fensterladen (Ø 2 cm)

Bezeichnung	Stück	Material	Format
Extra für Spielhaus			
Fensterkreuz	1	Sperrholz AW 100, 15 mm	4,5 x 52 cm
Fensterkreuz	1	Sperrholz AW 100, 15 mm	4,5 x 67 cm
Zierleiste, Fenstersims	1	Profilleiste/Bilderleiste	70 cm
Fensterbank	1	Sperrholz AW 100, 15 mm	8 x 70 cm
Bord (Zuschnittrest)	1	Sperrholz AW 100, 15 mm	12 x 40 cm
Gardinenstange	1	Buche Ø 8 mm	105 cm
Tragleiste (Blumenk.)	1	Kiefer/Fichte 2 x 4 cm	54 cm
Distanzleiste (Blumenk.)	1	Kiefer/Fichte 2 x 4 cm	50 cm

Außerdem: wasserfester Leim, Schleifpapier, Acryllack, Nägel (verzinkt), 4 Stuhlwinkel (verzinkt) für Fensterkreuz (Schenkellänge 2,5 cm), 5 Stuhlwinkel (verzinkt) für Bord und Fensterbrett (Schenkellänge 3 cm), 3 Schraubringösen (Innen-Ø 1 cm), fertige Gartensitzgruppe für Kinder ca. 89 x 92 cm (Baumarkt oder IKEA), 4 Winkel (verzinkt) 60 x 60 x 60 cm für Sitzgruppenbefestigung, Stoff für Gardine, Vorhang, 1 Blumenkasten Kunststoff 60 cm lang

Bezeichnung	Stück	Material	Format
Extra für Laden			
Theke	1	Sperrholz AW 100, 15 mm	25 x 70 cm
Konsole (Zuschnittrest)	1	Sperrholz AW 100, 15 mm	15 x 15 cm
Markise	1	Sperrholz AW 100, 15 mm	13 x 70 cm

Außerdem: wasserfester Leim, Schleifpapier, Acryllack, Nägel (verzinkt), Schrauben (verzinkt), 2 Stuhlwinkel (verzinkt) für Markise (Schenkellänge 2,5 cm), 2 Holzgarderobenhaken (Länge ca. 4 cm), Tafelfolie oder Tafellack, 1 Zaunelement (Gartenmarkt), 4 Winkel 60 x 60 x 60 mm (verzinkt)

Diese Materialien werden für das Spielhaus gebraucht: Acryllack, Rund- und Flachpinsel, wasserfester Leim und Sperrholz.

Der Kinderladen Extra anfertigen muss man die Theke mit Konsole und die Markise. Alles wird mit der Stichsäge zugeschnitten, die Kanten fein verschliffen und gebrochen. Die Konsole wird unter den Tresen geleimt und durchgeschraubt. Dann lackiert man die fertige Konsole und die Markise. Nun wird der Tresen eingesetzt, mit dem unteren Fensterrahmen verschraubt und durch die Fassade in die Konsole geschraubt. Die Markise wird angesetzt und am oberen Fensterrahmen mit Hilfe von zwei Stuhlwinkeln festgeschraubt. Als nächstes stellt man die Zäune auf, die dann mit Winkeln mit der Fassade verschraubt werden. Fertige Zäune kann man im Gartenmarkt kaufen. Diese Zäune haben aber noch keine kindgerechten Maße. Meist sind sie sogar so lang, dass man daraus zwei kleine Zäune bauen kann. In der Höhe, oben und unten, muss man die Zäune auch auf Kinderhöhe verkürzen. Dazu zeichnet man sich die gewünschten Maße an und markiert mit einem Bleistift jeweils eine halbkreisförmige Rundung am oberen Ende der Zaunlatte. Dann werden die einzelnen Zaunlatten oben halbrund abgesägt. Zum Schluss schleift man alle Flächen und Kanten. Danach kann der Zaun lackiert werden.

Das Spielhaus ist etwas umfangreicher ausgestattet als der Kinderladen. Auch hier werden alle Anbauteile erst einmal zugeschnitten und probegepasst, die Schnittkanten geglättet, gebrochen und dann lackiert. Begonnen wird mit dem Fensterkreuz: Beide Stücke werden in der Mitte mit einer Feinsäge um die halbe Breite und um eine Materialdicke ausgeklinkt und zum Kreuz zusammengesteckt. Bord, Fensterbord und Gardinenstange müssen ebenfalls zugeschnitten, geglättet und lackiert werden.

Fertigstellung Zuerst wird die Kindersitzgruppe lackiert und an Ort und Stelle aufgebaut. Dann schraubt man die Fassade mit Winkeln daran fest. Fensterbank und Bord werden jetzt ebenfalls mit Winkeln festgeschraubt, die Schraubringösen für die Gardinenstange eingedreht und die Gardinenstange eingelegt. Die Tragleisten werden bündig mit der Ober- und der Unterkante auf den Blumenkasten gesetzt und von der Kasteninnenseite festgeschraubt. Der Blumenkasten wird dann unter die Fensterbank gesetzt und durch die Fassade in die Tragleisten geschraubt.

Die Tisch-Bank-Kombination bzw. die Sitzgruppe kann im Baumarkt oder im Möbelhandel erworben werden.

Tipp: Beim Kinderladen sind die Fensterläden zugleich die Preistafeln. Sie können mit Tafellack ausgemalt oder mit Tafelfolie beklebt werden.

Die Fassade mit dem Blumenkasten ist durch Winkel fest mit der Sitzgruppe verbunden.

Die Zebrabank ist eine sogenannte „Friesenbank". Sie ist in Baugruppen vorgefertigt und eignet sich für dekorative Gestaltungen. Der Zusammenbau ist einfach, und die Bank muss nur wetterfest lackiert werden. Ergebnis ist ein schöner Platz für den Garten.

Schon fertig verleimt für den Zusammenbau: Seiten, Sitz, Rückenlehne und Zarge mit allen Schrauben und Beschlägen.

Zum Bausatz gehören fünf vorgefertigte Teile – Seiten, Sitzfläche, Rückenlehne und Zarge – sowie die benötigten Montageschrauben. Die Teile sind aus unbehandeltem Fichten- oder Kiefernholz. Man bekommt solche Bausätze in Holzhandlungen, Gartenmärkten sowie in Baumärkten. Der Zusammenbau ist schnell erledigt. Es wird nur geleimt, gedübelt und geschraubt. Mehr Zeit und Sorgfalt erfordert die Lackierung der Oberfläche, um ein wirklich gutes und professionell wirkendes Finish zu erzielen.

Vor dem Einstecken der Rückenlehne werden die Holzdübel mit wasserfestem Leim bestrichen und eingeschlagen.

Fehlerstellen im Holz werden vor dem Anstrich ausgebessert. Der Acrylspachtel sollte gut nachgeschliffen werden.

So wird's gemacht Vor dem Zusammenbau werden erst einmal alle Holzteile und alle Beschläge auf Vollständigkeit kontrolliert. Dabei sollte man auch auf Fehler im Holz wie Risse, lose Aststücke und harzige Stellen achten. Harz und harzige Äste werden mit Nitroverdünnung abgetupft und abgerieben, lockere Aststücke wieder eingeleimt. Risse werden ausgespachtelt.

Zusammenbau Zunächst muss man die Zargenrahmen und die Seitenteile zusammenpassen und dann verschrauben. Der Zusammenbau sollte so ausgeführt werden, wie es die beiliegende Anleitung vorgibt. Danach wird die Sitzfläche eingelegt und durch die Seiten festgeschraubt. Anschließend dübelt man die Rückenlehne ein und verleimt sie.

Anstrich vorbereiten Die fertige Bank wird satt mit Holzschutzlasur gestrichen. Dabei dürfen die Unterseite und die Füße nicht vergessen werden. Alle Schadstellen sollten mit Universalspachtel verfüllt und die ganze Bank fein verschliffen werden. Die Flächen werden mit dem Schwingschleifer, die Rundungen und Kanten mit Schleifpapier (von Hand) bearbeitet. Alle Kanten müssen gebrochen werden, weil bei Witterungsschwankungen der Lack sonst auf den scharfen Kanten einreißen könnte.

Anstrichaufbau Der erste Anstrich erfolgt mit weißem Acryllack, der mit 10% Wasser verdünnt wurde. Danach erfolgt ein Zwischenschliff mit feinem Schleifpapier, wobei der Schleifstaub immer gut entfernt werden muss. Es folgt der zweite Anstrich wieder mit weißem Acryllack (unverdünnt). Sieht die Oberfläche gut aus, entfällt ein dritter Anstrich. Zum Lackieren kann man spezielle Acrylpinsel verwenden.

Die Zebrastreifen Die Streifenkonturen zeichnet man mit einem weichen Bleistift auf und schleift den weißen Lack im Streifenbereich fein an. Dann malt man mit einem feinem Pinsel und schwarzem Acryllack die Streifenränder und füllt mit dem Rundpinsel die Streifenflächen. Für eine bessere Deckung wird die erste Farbschicht wieder fein angeschliffen und dann endlackiert.

Marktstand

Obst und Gemüse, frische Eier oder vielleicht ein paar Legosteine? Hier auf dem Marktstand wird gehandelt, was die Inhaber zuvor daheim in der Speisekammer besorgt haben oder was sich in der Spielkiste fand. Die Preise schwanken nach Angebot und Nachfrage, denn es kommt gar nicht so sehr auf den Verdienst an, der Gewinn liegt eher in der Lust am Spiel. Damit nun die Kundschaft en gros und en détail das Angebot prüfen kann, gibt es vorn eine Theke, seitlich eine breite Klapplade und jede Menge breiter Regalborde.

Zwischengelegte Sperrholzstreifen garantieren einen gleichmäßigen Brettabstand beim Zusammenschrauben.

Tragleisten und Regalbretter müssen seitlich plan abschließen, sonst passen sie nicht zwischen die Pfosten.

Die schrägen Regalböden erhalten eine Stopperleiste, damit die aufgestellten Waren nicht herunterfallen.

Pfosten und Bodenbretter werden mit großen Winkeln verschraubt, damit der Marktstand zum Verstauen auch auseinander gebaut werden kann.

Der Marktstand kommt mit nur einem Brettformat und einem Balkenformat aus – das erleichtert den Einkauf, den Zuschnitt und den Zusammenbau. Lediglich Stopperleisten, Abdeckleisten und Rundstäbe weichen vom Standardformat ab. Dank der Serienfertigung geht hier die Arbeit schnell von der Hand.

So wird's gemacht Wer eine Tischkreissäge oder eine Stichsäge hat, wird den Zuschnitt schnell und ohne Mühe fertig bringen, denn bei so vielen Stücken gleicher Länge kommt man gut voran.

Wer nicht so gut ausgerüstet ist und die zeitaufwendige Arbeit mit Fuchsschwanz und Gehrungslade scheut, nimmt die Materialliste mit zum Baumarkt und lässt alle Bretter und Pfosten gleich beim Kauf zuschneiden. Lediglich Einzelstücke wie Streben, Stangen, Stopperleisten und Abdeckleisten werden von Hand zugeschnitten. Sind alle Stücke bei-

Das Grundgerüst mit den Seitenrahmen und bereits eingebauten Borden steht. Danach wird das Dach gebaut.

Die Pfostenverlängerungen werden nur mit dem Pfosten verleimt. Die Dachstrebe lässt sich lösen.

Dachstreben und Dachspitze werden ebenfalls geleimt und gedübelt, zusätzlich aber mit Winkeln gesichert.

sammen, wird nach Baugruppen sortiert und der Bau des Marktstandes kann beginnen.

Bodenrost bauen Zuerst legt man die Kanthölzer im richtigen Abstand aus, legt die Bretter auf und bringt für einen gleichmäßigen Zwischenraum Sperrholzstreifen als Distanzstücke dazwischen. Damit es keine Parallelverschiebung gibt, werden die Bretter mit jeweils zwei Schrauben auf den Kanthölzern festgeschraubt und verleimt. Die Schraubpositionen müssen nun vorgestochen, die Schrauben eingesteckt und mit einem Elektroschrauber eingedreht werden. Die Schraubenköpfe sollten etwas versenkt werden.

Seiten vorbereiten Nun legt man die Pfosten nebeneinander und reißt die Position der Rundholzstreben an. Anschließend werden im Bohrständer mit Bohrmaschine und eingespanntem Forstnerbohrer 2 cm tiefe Passlöcher gebohrt. Dann bohrt man

Der Rohbau steht – es ist Zeit fürs Richtfest! Die Seitenwand ist ebenfalls schon fertig und wird gleich angeschraubt.

Die farbigen Teile werden mit Acryllack gestrichen, die anderen Teile mit einer farblosen Lasur.

Stützen und Querverbinder werden zu einem stabilen Rahmen verleimt.

Das Stoffdach wird zunächst mit dem Tacker fixiert, dann durch Verschrauben mit den Abdeckleisten endgültig gesichert.

oben in den Pfosten genau mittig ein 10-mm-Dübelloch zur Befestigung der Pfostenverlängerungen. Zwischen jeweils zwei Pfosten werden die Rundholzstreben geleimt und die Pfosten unten mit den Grundbrettern zu einem Rahmen verbunden. Jetzt baut man die Borde, setzt sie zwischen die Pfosten und schraubt sie fest. Der Rahmen wird aufgestellt und mit Stuhlwinkeln auf der Bodenplatte verschraubt. Am Eingang wer- die Pfostenblenden aufgeschraubt.

Dach bauen Alle Dachschrägen müssen an der Spitze um 15° abgeschrägt werden. Dann bohrt man Löcher für die Verbindungsdübel; die Dübel werden in die Pfostenverlängerung eingeleimt. Dachschräge und Pfostenverlängerung werden nun zusammengesteckt (ohne Leim, weil sie lösbar bleiben müssen) und mit einem Winkel (um 15° aufgebogen) zusammengeschraubt. Aus den so gebauten vier Dachschrägen wird das Dach mit Hilfe von Dachspitze, Schrauben, Leim und 4 Winkeln zusammengebaut.

Fertigstellung Das Dach wird zuerst auf die Pfosten geleimt. Dann setzt man die Seitenwandbretter an und schraubt sie fest. Zum Lasieren und Lackieren wird der Marktstand aber wieder auseinander genommen.

Dach „decken“ Nachdem der Markisenstoff zugeschnitten und umsäumt wurde, legt man ihn auf und schraubt ihn mit den Abdeckleisten zusammen fest.

Die Klapplade Zunächst wird aus drei Brettern ein Rost gebaut (beim Verschrauben 10-mm-Sperrholz als Distanzstücke zwischenlegen). Die Tragleisten müssen an beiden Enden um 15° angeschrägt sein. Die Bretter werden von oben her verschraubt und die Schraubenköpfe versenkt. Die Stopperleiste wird auf das vorderste Brett geschraubt. Dann baut man die Klappstütze aus Leisten und Dübelstangen und setzt sie anschließend mit Klappscharnieren vorn unter die Klapplade. Unten wird das Stützgestell mit Sturmhaken an beiden Seiten gesichert.

Die Klapplade wird mit 4 Winkeln (4 x 4 x 4 cm) auf die Seitenwand gesteckt und mit Schrauben fixiert. Um die Schräge zu erhalten, werden die Winkel um ca. 15° zusammengebogen.

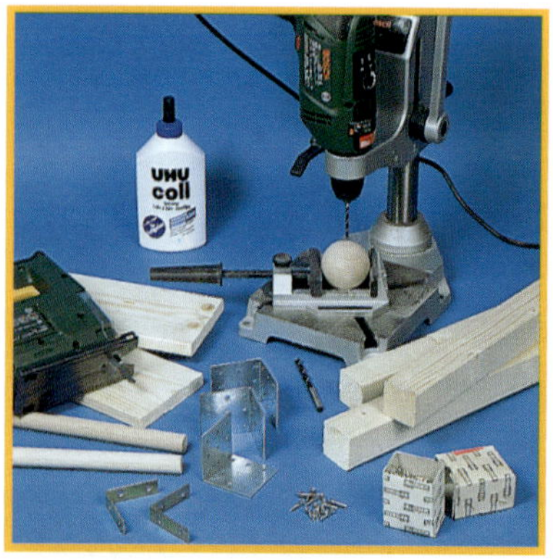

Für den Marktstand braucht man nur Bretter und Pfosten, dazu Rundhölzer, Leisten, Winkel, Leim und Acryllack sowie Markisenstoff für das Dach.

Bezeichnung	Stück	Material	Format
Bodenrostbalken	3	Fichte 4,5 x 4,5 cm	99 cm
Bodenrostbretter	8	Fichte 1,8 x 12 cm	103 cm
Pfosten	4	Fichte 4,5 x 4,5 cm	135 cm
Rundholzstreben, oben	2	Buchenrundstäbe Ø 2 cm	88 cm
Grundbrett	2	Fichte 1,8 x 12 cm	96,6 cm
Pfostenblenden	2	Fichte 1,8 x 12 cm	51 cm
Dachstützen	4	Fichte 4,5 x 4,5 cm	9 cm
Dachschrägen	4	Fichte 4,5 x 4,5 cm	95 cm
Dachspitze	1	Fichte 4,5 x 4,5 cm	7 cm
Abdeckleisten	4	Kiefer/Fichte 0,4 x 2 cm	ca. 94 cm
Regalbretter	16	Fichte 1,8 x 12 cm	84 cm
Regaltragleisten	16	Fichte 4,5 x 4,5 cm	23 cm
Regalstopperleisten	2	Fichte/Kiefer 1,4 x 3 cm	82 cm
Seitenwandbretter	4	Fichte 1,8 x 12 cm	93 cm
Seitenwandleisten	2	Fichte 4,5 x 4,5 cm	49 cm
Klapplade-Brett	3	Fichte 1,8 x 12 cm	93 cm
Klapplade-Tragleiste	2	Fichte 4,5 x 4,5 cm	35 cm
Klapplade-Stopperleiste	1	Fichte/Kiefer 1,4 x 3 cm	91 cm
Klappstützenleiste	2	Fichte 4,5 x 4,5 cm	47 cm
Klappstützenstange	2	Dübelstange Ø 2 cm	ca. 80 cm

Außerdem: wasserfester Leim, Schleifpapier, Acryllack, 9 Holzdübel Ø 1 cm, Holzkugel für Dach, 10 Holzgarderobenhaken (Länge 4,2 cm), 8 Stuhlwinkel (verzinkt) 60 x 60 mm, 8 Winkel (verzinkt) 40 x 40 x 40 mm, 2 Klappenscharniere 30 x 40 mm, 2 Sturmhaken 4 cm, 4 Stoffdreiecke (Markisenstoff), Maße zzgl. Saum nach Fertigstellung abnehmen

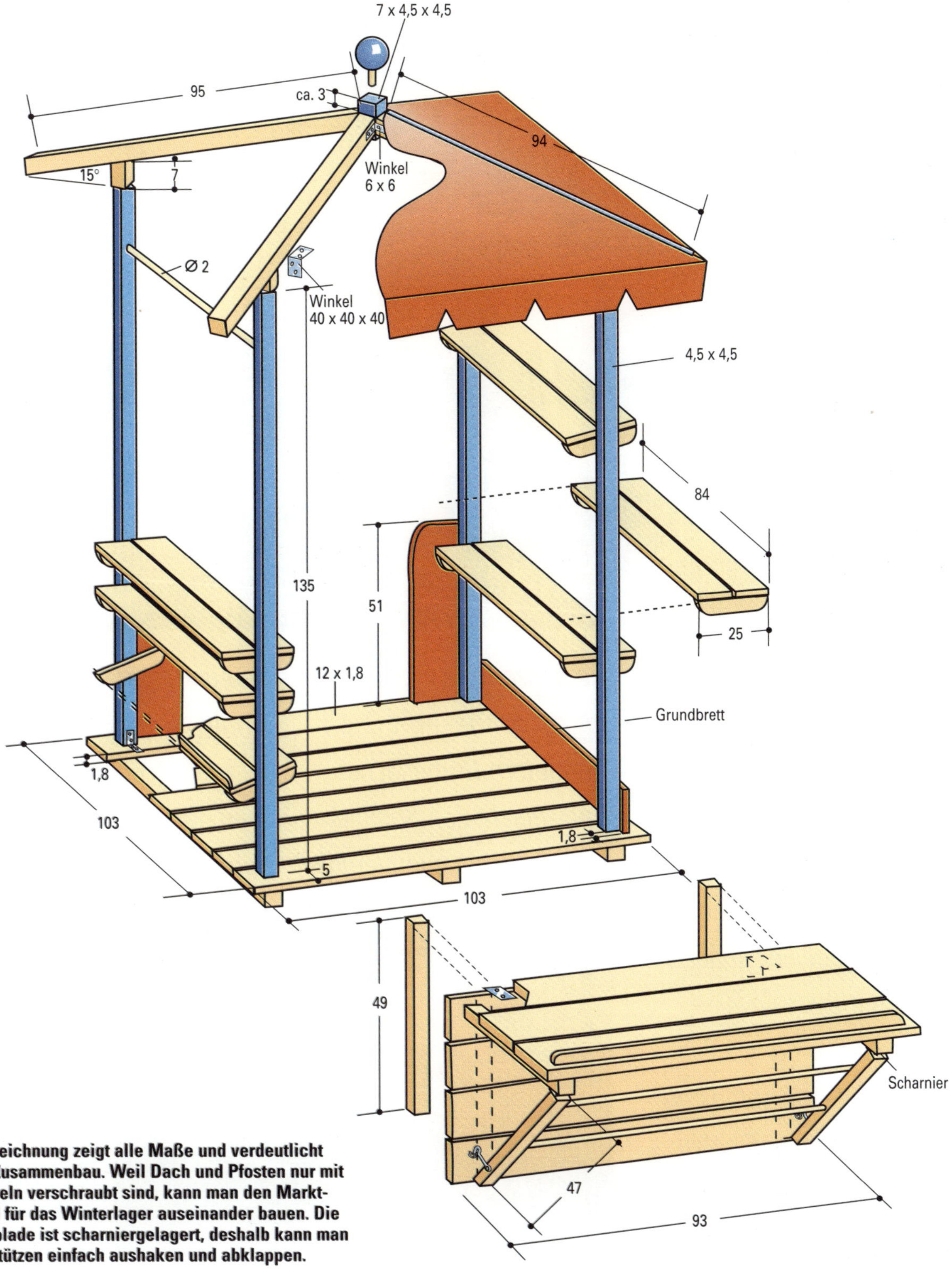

Die Zeichnung zeigt alle Maße und verdeutlicht den Zusammenbau. Weil Dach und Pfosten nur mit Winkeln verschraubt sind, kann man den Marktstand für das Winterlager auseinander bauen. Die Klapplade ist scharniergelagert, deshalb kann man die Stützen einfach aushaken und abklappen.

Ein Balkon so gemütlich wie eine Gartenlaube! Er hat extra große Pflanzkästen, damit die rankenden Rosen und der Wein sich richtig wohl fühlen und prächtig gedeihen können. Töpfe mit Bougainvillea, Lavendel und Campanula stehen auf dem gefliesten Tisch und dem gefliesten Wandregal, Efeu hängt in Drahtkörben am Rankgitter. Die ganze tolle Pracht findet auf ganzen acht Quadratmetern Grundfläche Platz, macht den Sommer über der Stadt zum Vergnügen und lässt Gedanken an Urlaub in der Ferne vergessen: Wir leben auf Balkonien, faulenzen und feiern vergnügt an frischer Luft.

Fast wie bei Aschenputtel: Die Loggia (links) wurde zum prächtigen Garten (oben).

Pflanzkästen Weil Rosenwurzeln viel Platz zum Ausbreiten benötigen, haben die Pflanzkästen „Kingsize" – so können die empfindlichen Schönheiten prächtig gedeihen. Es gibt zwei verschiedene Kastenformate – kurz und lang –, Höhe und Breite sind immer gleich. Gebaut werden kann jedoch, was auf den jeweiligen Balkon passt. Der Zusammenbau ist einfach: Zunächst werden Abflusslöcher in den Boden gebohrt. Dann leimt und schraubt man die unteren Leisten L-förmig umlaufend unter den Boden. Die Seiten werden ebenfalls L-förmig umlaufend verleimt und durchgeschraubt. Als Nächstes schließt man den Kasten mit den Deckleisten ab und fasst ihn mit den auf Gehrung geschnittenen Halbrundleisten ein. Die fertigen Kästen werden lackiert und die Türstopperfüße daruntergeschraubt.

Bezeichnung	Stück	Material	Format
Pflanzkasten, lang			
Seiten, lang	2	Sperrholz AW 100, 15 mm	40 x 100 cm
Seiten, kurz	2	Sperrholz AW 100, 15 mm	37 x 40 cm
Boden	1	Sperrholz AW 100, 15 mm	37 x 97 cm
Lange Leisten (unten)	2	Kiefer 2 x 4 cm	97 cm
Kurze Leisten (unten)	2	Kiefer 2 x 4 cm	33 cm
Lange Deckleisten (oben)	2	Kiefer 2 x 4 cm	100 cm
Kurze Deckleisten (oben)	2	Kiefer 2 x 4 cm	32 cm
Lange Halbrundleisten	2	Kiefer 2 x 4 cm	104 cm
Kurze Halbrundleisten	2	Kiefer 2 x 4 cm	44 cm
Füße	6	Türstopper Ø 3 cm	2,8 cm hoch
Pflanzkasten, kurz			
Lange Seiten	2	Sperrholz AW 100, 15 mm	40 x 40 cm
Kurze Seiten	2	Sperrholz AW 100, 15 mm	37 x 40 cm
Boden	1	Sperrholz AW 100, 15 mm	37 x 37 cm
Lange Leisten (unten)	2	Kiefer 2 x 4 cm	37 cm
Kurze Leisten (unten)	2	Kiefer 2 x 4 cm	33 cm
Lange Deckleisten (oben)	2	Kiefer 2 x 4 cm	40 cm
Kurze Deckleisten (oben)	2	Kiefer 2 x 4 cm	32 cm
Halbrundleisten	4	Kiefer 2 x 4 cm	44 cm
Füße	4	Türstopper Ø 3 cm	2,8 cm hoch

Außerdem: wasserfester Leim, Schleifpapier, Acryllack, Schrauben (verzinkt). Für die Drainage: Kies, darauf ein Gazetuch, damit die Erde nicht durchsinkt

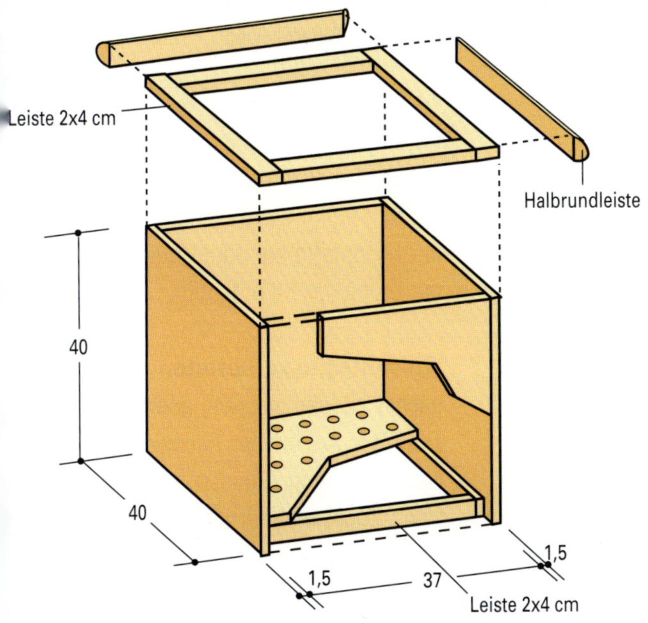

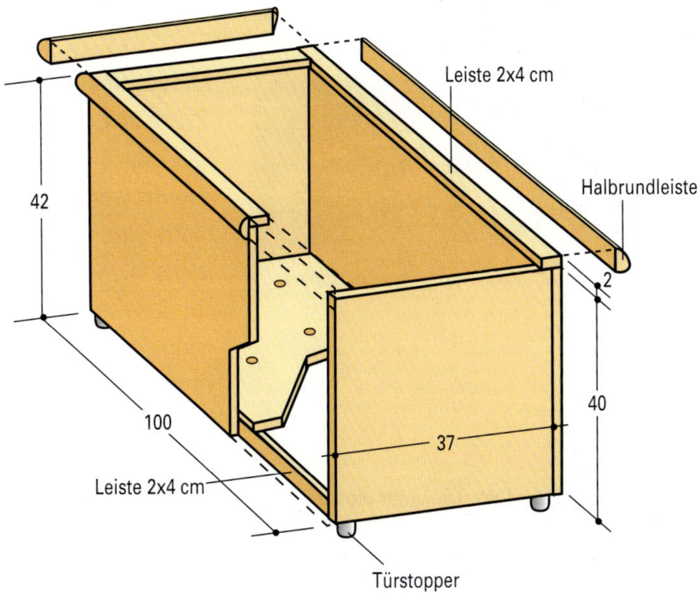

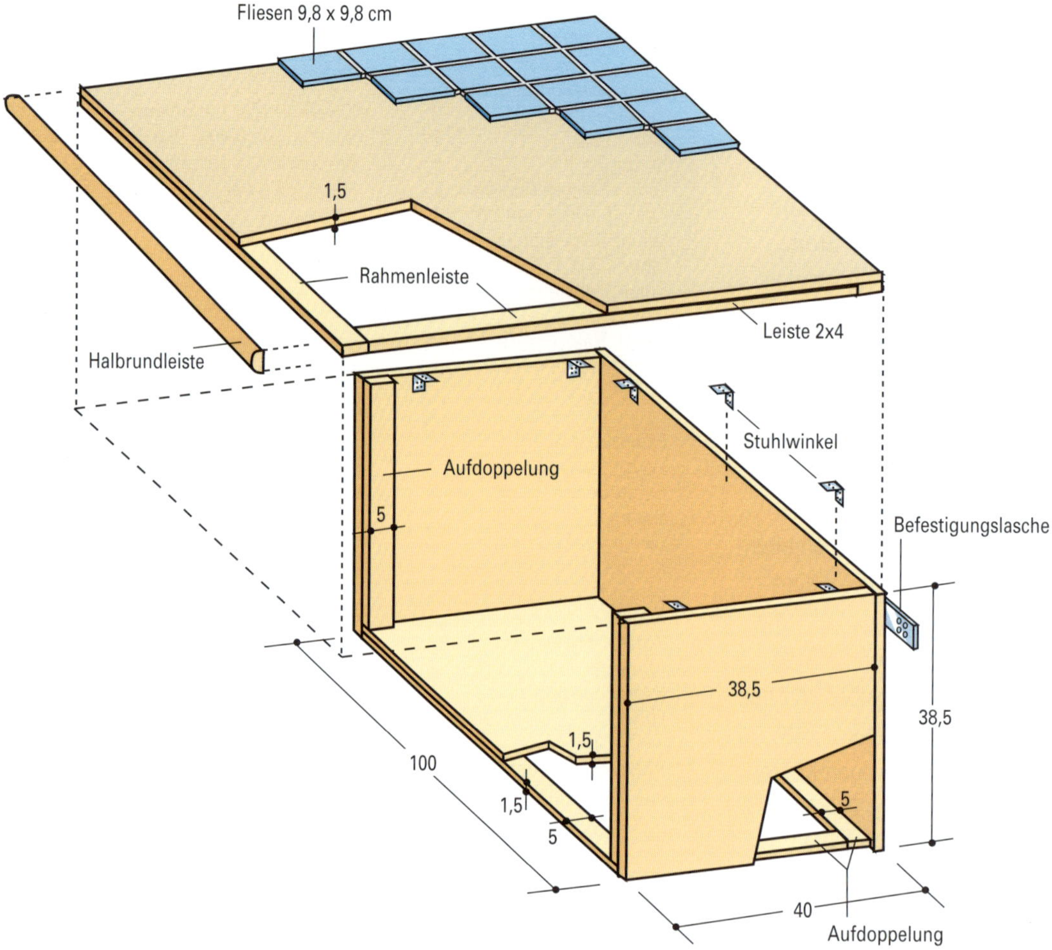

Material und Werkzeug für die tönerne Tischdecke: Fliesen mit Klebstoff und Fugenmörtel, Zahnspachtel, Gummischaber, Gummitopf und Fliesenkreuze.

Fliesentisch Der kastenförmige Tischunterbau ist nach vorn hin offen und kann als Ablage- und Staufach genutzt werden. Die geflieste Tischplatte wird mit Stuhlwinkeln darauf befestigt.

Für den Zusammenbau ist die Zeichnung oben eine gute Hilfe: Mit dem Grundrahmen und dem Boden wird begonnen, dann werden die Aufdoppelungen auf die Seiten geleimt und geschraubt. Die fertigen Seiten werden eingestellt, verleimt und durchgeschraubt und der Korpus mit der Rückwand geschlossen. Die Rahmenleisten werden unter die Tischplatte geleimt und geschraubt und die Tischplatte auf dem Untergestell mit Stuhlwinkeln befestigt.

Fliesenlegen vorbereiten Zunächst werden auf zwei aneinander stoßende Kanten der Tischplatte provisorische Stopperleisten gestiftet. Dann trennt man für die ersten Fliesenreihen von den Fliesenkreuzen einen Flügel mit dem Cutter oder dem Stechbeitel ab. Diese jetzt T-förmigen

Fliesenkreuze werden hier für eine gleichmäßig dicke Randfuge gebraucht.

Fliesen legen Der Fliesenklebstoff wird mit dem Zahnspachtel aufgetragen. Mit Hilfe der vorbereiteten Fliesenkreuze (T-Form) werden die ersten Fliesen entlang der Stopperleisten verlegt. Dann arbeitet man mit den kreuzförmigen Fliesenkreuzen entsprechend weiter. Nun nimmt man die Stopperleisten ab und leimt die bereits lackierten Halbrundleisten genau bündig mit der Fliesenoberkante rundum an die Tischplatte.

Verfugen Fugenmörtel wird mit dem Gummispachtel in die Fugen gerieben. Überschüssiger Fugenmörtel wird mit einem Schwamm abgenommen und die Fläche mit einem feuchten Tuch abgewischt. Zum Schluss wird der fertige Tisch dann zwischen die Pflanzkästen gestellt und mit den Befestigungslaschen gesichert.

Bezeichnung	Stück	Material	Format
Fliesentisch			
Seiten	2	Sperrholz AW 100, 15 mm	38,5 x 38,5 cm
Rückwand	1	Sperrholz AW 100, 15 mm	38,5 x 100 cm
Boden	1	Sperrholz AW 100, 15 mm	38,5 x 97 cm
Aufdoppelung (Seiten)	2	Sperrholz AW 100, 15 mm	5 x 35,5, cm
Aufdoppelung, unten (lang)	2	Sperrholz AW 100, 15 mm	5 x 97 cm
Aufdoppelung, unten (kurz)	2	Sperrholz AW 100, 15 mm	5 x 28,5 cm
Füße	6	Türstopper Ø 3 cm	2,8 cm hoch
Tischplatte	1	Sperrholz AW 100, 15 mm	80 x 100 cm
Rahmenleiste, lang	2	Kiefer 2 x 4 cm	100 cm
Rahmenleiste, kurz	2	Kiefer 2 x 4 cm	72 cm
Halbrundleisten, lang	2	Kiefer 2 x 4 cm	104 cm
Halbrundleisten, kurz	2	Kiefer 2 x 4 cm	84 cm

Außerdem: wasserfester Leim, Schleifpapier, Acryllack, Schrauben (verzinkt), 7 Stuhlwinkel (verzinkt) 2,5 x 2,5 cm, 2 Befestigungslaschen (verzinkt) 2 x 8 cm, 80 Fliesen Deckmaß 10 x 10 x 0,5 cm, dazu wasserdichter Fliesenklebstoff (mit Zahnspachtel auftragen), Fugenmörtel

Bezeichnung	Stück	Material	Format
Fliesenbord			
Rahmenleisten, lang	4	Kiefer 2 x 4 cm	80 cm
Rahmenleisten, mittel	2	Kiefer 2 x 4 cm	36 cm
Rahmenleisten, kurz	2	Kiefer 2 x 4 cm	3,5 cm
Wandrahmenplatte	1	Sperrholz AW 100, 15 mm	10 x 80 cm
Bordplatte	1	Sperrholz AW 100, 15 mm	42 x 80 cm
Halbrundleisten, lang	2	Kiefer 2 x 4 cm	84 cm
Halbrundleisten, mittel	2	Kiefer 2 x 4 cm	ca. 47 cm
Halbrundleisten, kurz	2	Kiefer 2 x 4 cm	ca. 16,5 cm

Außerdem: wasserfester Leim, Schleifpapier, Acryllack, Schrauben (verzinkt), Konsolträger (Schenkellänge 40 cm), 40 Fliesen Deckmaß 10 x 10 x 0,5 cm, dazu wasserdichter Fliesenklebstoff (mit Zahnspachtel auftragen), Fugenmörtel

Der Fliesentisch steht zwischen den Pfanzkästen. Links und rechts hinter die Korpusseiten geschraubte Befestigungslaschen verbinden Tisch und Kästen.

Auf dem Fliesenbord wird die Gartenarbeit erledigt. Die anderen Borde sind Ablage und Stauraum.

Holzbord und Fliesenbord Die Holzborde und die Fliesenborde unterscheiden sich in mehrfacher Hinsicht. Für die Holzborde werden lediglich zwei 15 mm dicke Sperrholzplatten aufgedoppelt. Das Fliesenbord hat einen Grund- und einen Wandrahmen aus Leisten mit darauf gesetzten Sperrholzplatten.
Für die Holzborde müssen die Sperrholzplatten aufeinander geleimt und gestiftet werden. Dann leimt man die Halbrundleisten vor und stiftet sie. Die fertigen Borde werden noch lackiert und mit Konsolträgern an die Wand gebracht.
Für die Fliesenborde werden die Rahmenleisten an drei Seiten kantenbündig unter Bodenplatte und Wandplatte geleimt und gestiftet. Dort, wo die Platten später im Winkel zusammenstoßen, stehen die Rahmen über die Platten hinaus. Beide Rahmen werden nun im Winkel zusammengeleimt und durchgeschraubt. Gefliest wird wie beim Tisch. Die passend ausgesuchten Fliesenkreuze werden für den Randbereich wieder T-förmig zugeschnitten. Dann werden die Fliesen verklebt. Als Nächstes werden die schon lackierten Halbrundleisten oben bündig mit der Fliesenoberkante angebracht, dann wird verfugt und das überschüssige Fugenmaterial abgewischt.

Leisten und Sperrholz sind das Grundmaterial für die Borde. Hinzu kommen noch Fliesen mit Fliesenklebstoff und Fugenmörtel und die Konsolträger.

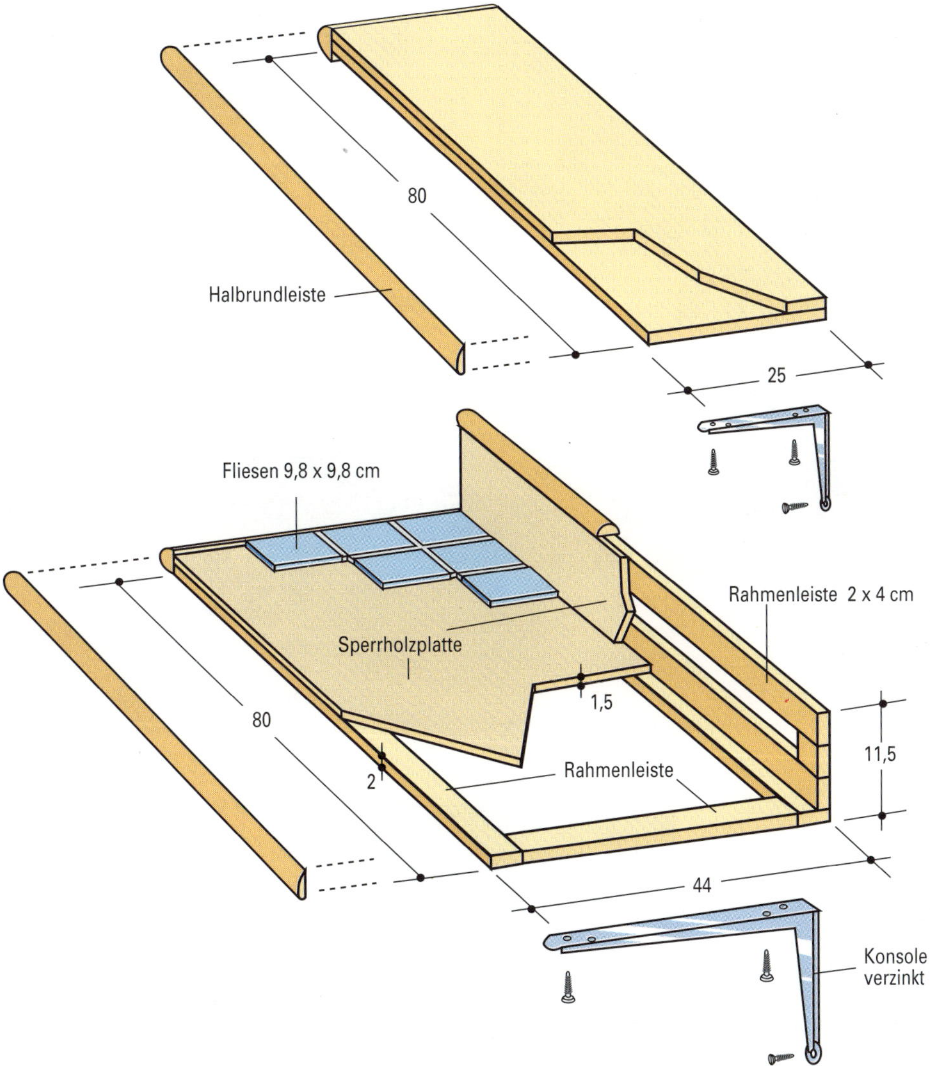

Bezeichnung	Stück	Material	Format
Holzbord, schmal			
Bordplatte	2	Sperrholz AW 100, 15 mm	25 x 80 cm
Halbrundleiste, lang	1	Kiefer 2 x 4 cm	84 cm
Halbrundleiste, kurz	2	Kiefer 2 x 4 cm	27 cm
Holzbord, breit			
Bordplatte	2	Sperrholz AW 100, 15 mm	44 x 80 cm
Halbrundleiste, lang	1	Kiefer 2 x 4 cm	84 cm
Halbrundleiste, kurz	2	Kiefer 2 x 4 cm	46 cm

Außerdem: wasserfester Leim, Schleifpapier, Acryllack, Schrauben (verzinkt)

Die Zeichnung zeigt, wie alle Teile zusammenpassen, sowie alle für den Bau von Fliesenbord und Holzbord notwendigen Maße.

Balkon-Sandkasten

Hoch oben über der Stadt bewegen Okke und Finn ihre kleine Welt und formen voller Eifer mit Hand, Fuß und Plastikbagger das Land ihrer Träume. Wenn einmal eine schöpferische Pause angesagt ist oder der Schlaf sie übermannt, wird auf das Gebaute ein Deckel gelegt, damit dann am nächsten Tag das Werk vollendet werden kann.

Sperrholz, Rundhölzer und Distanzstücke (Kunststoffbodenträger) sind die Baumaterialien, wetterfest versiegelt wird mit Acryllack.

So wird's gemacht Der Sandkasten besteht aus zwei Teilen: der Unterkonstruktion und der Abdeckung. Die Arbeit beginnt mit dem Ausmessen des Balkons und dem Angleichen der Maße.
Wichtig ist, dass an alle Bauteile der Unterkonstruktion Luft herankommt, damit Wasser abfließen bzw. verdunsten, und sich kein Schimmel bilden kann. Dafür sorgen untergesetzte Distanzstücke.
Aus Sicherheitsgründen sollte die Sandkiste nur auf einem Balkon mit festen und hohen Seitenwänden oder in einer Loggia aufgestellt werden. Das erleichtert die Schutzmaßnahmen, denn Balkongitter und -öffnung müssen so gesichert sein, dass nichts und niemand herabstürzt.

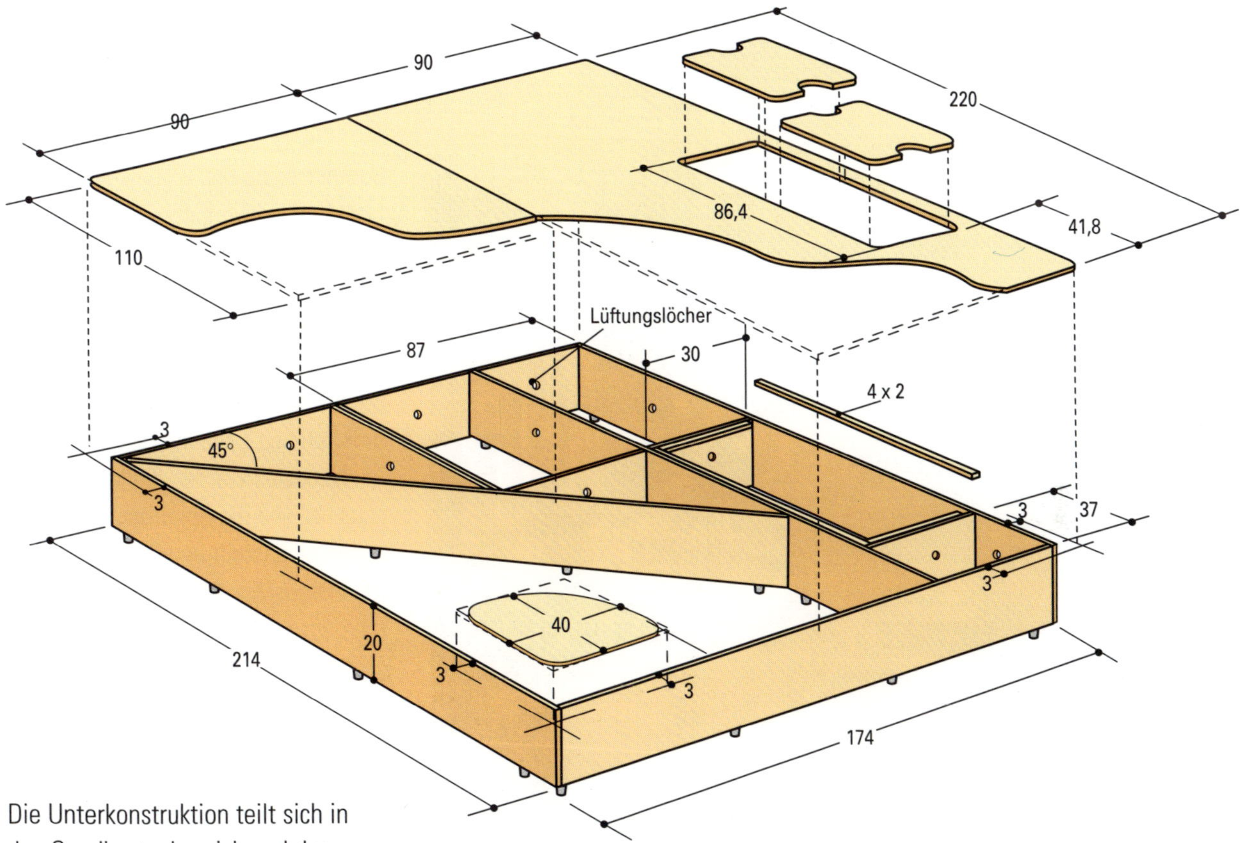

Die Unterkonstruktion teilt sich in den Sandkastenbereich und den Podestbereich mit dem Spielzeugfach. Die dreigeteilte Deckplatte wird im Podestbereich und im Sandkasteneck fest verschraubt, über dem Sandkasten liegt die Einlegeplatte lose auf.

Maße angleichen Für eine Vergrößerung oder Verkleinerung fertigt man nach der Zeichnung oben einen Grundriss (1 cm = 1 mm) auf Millimeterpapier. Dann wird der Balkon vermessen und ebenfalls maßstäblich auf Papier gezeichnet. Jetzt wird mit einem Fotokopierer die Skizze dem Balkongrundriss angeglichen, die Maße umgerechnet und die Materialliste entsprechend geändert.

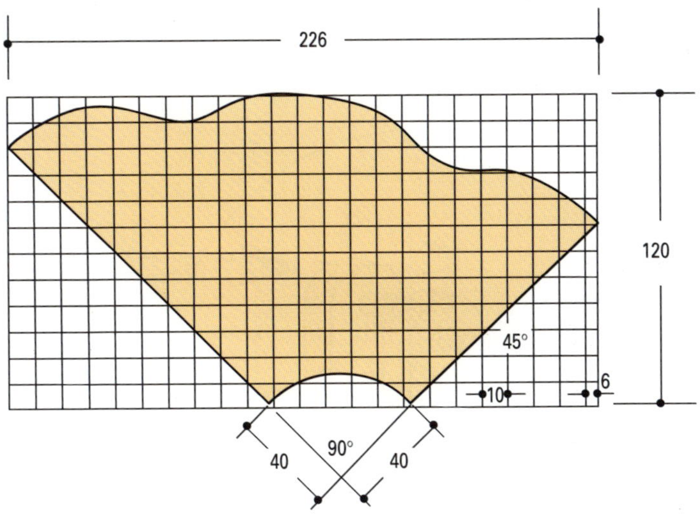

Die Kontur für den Wellenschnitt wird nach der Rastermethode übertragen: Das Rastermaß der Skizze in Originalgröße (10 x 10 cm) auf das Werkstück zeichnen, dann die Kontur Kästchen für Kästchen aufmalen. Das Winkelstück aus einem Zuschnittrest schneiden.

Unterkonstruktion bauen Vor dem Zusammenbau werden – bis auf die Diagonale und zwei Außenseiten – die Lüftungslöcher geschnitten (mit Bohrmaschine und eingespanntem Kreisschneidevorsatz). Die genaue Position zeigt die Zeichnung auf Seite 53. Für eine gute Drainage müssen schon jetzt unter alle Stücke die Bodenträger genagelt werden. Dann schraubt man die Außenseiten zum Rahmen zusammen.

Als Nächstes werden die lange Innenseite und die Spielzeugkastenseiten eingestellt und durch die Seiten festgeschraubt. Dann leimt und schraubt man die Doppelseiten gegeneinander, stellt sie mit der Einzelseite L-förmig ein und schraubt

Die Standfüße stützen Platte und Deckel. Ist die Sandkiste offen, sind sie eingedreht, wird die Abdeckplatte aufgelegt, werden sie vorgedreht (unten rechts). Abgeschrägte Drehknebel halten die Abdeckplatte an der Wand fest (unten links).

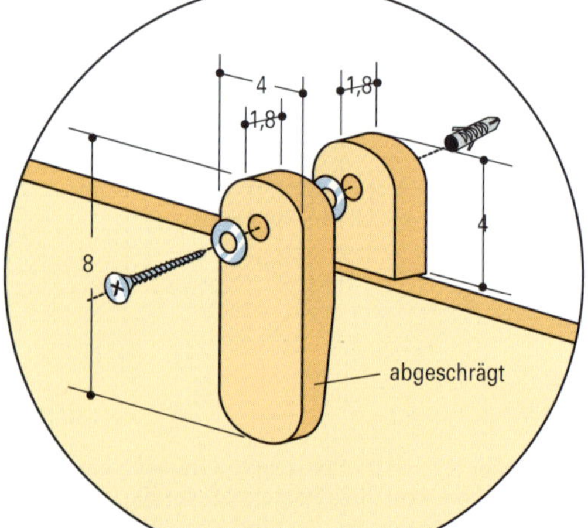

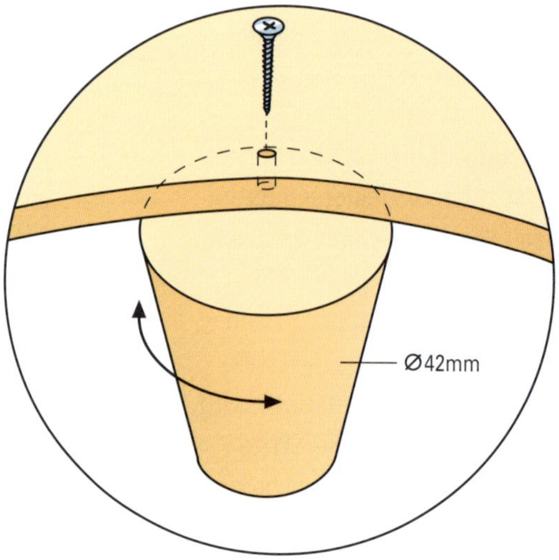

sie fest. Die Diagonale wird an den Enden angeschrägt, eingestellt und festgeschraubt.

Fertigstellung Die Tragleisten für die Spielkastenseiten werden verleimt und festgeschraubt. Dann streicht man den fertigen Unterbau mit verdünntem Acryllack vor und endlackiert ihn mit unverdünntem Acryllack. Nun schneidet man mit der Stichsäge in die große Deckelplatte den Ausschnitt für den Spielzeugkasten. Aus dem Ausschnitt werden die beiden Einlegedeckel für den Spielzeugkasten gesägt, geschliffen und lackiert. Jetzt montiert man die beiden Deckelplatten und die Eckplatte (vorläufig) auf die Unterkonstruktion. Nun wird mit Hilfe der Rasterzeichnung, die vorher auf die Platte übertragen wurde, die Einlegeplatte zugesägt.
Die fertige Einlegeplatte wird aufgelegt, an die Eckplatte geschoben, die Wellenform auf die beiden Deckplatten übertragen und anschließend ausgesägt. Alle Bauteile werden gerundet, geschliffen und danach montiert. Die Einlegeplatte wird an die Wand gestellt, die Knebelpositionen markiert, die Knebel zugeschnitten, lackiert und an die Wand gedübelt und geschraubt.
Zum Schluss wird ein Stück Kunstrasen in die Sandkiste gelegt, eine ca. 3 cm dicke Kieslage als Drainage eingefüllt, Gaze darüber gelegt und darauf der Sand geschüttet.

Die Einlegeplatte liegt dank des Wellenschnittes sicher zwischen Deckel und Winkelstück und kann dadurch nicht verrutschen.

Die Deckel des Spielzeugfachs liegen sicher auf den Tragleisten und haben große Griffausschnitte, damit die Finger nicht geklemmt werden.

Balkonsicherung vor Steinschlag und Sandfall: festes Acrylmaterial, das man an das Balkongitter bindet (im Fachhandel im Zuschnitt erhältlich).

Bezeichnung	Stück	Material	Format
Lange Außenseiten	2	Sperrholz AW 100, 18 mm	20 x 214 cm
Kurze Außenseiten	2	Sperrholz AW 100, 18 mm	20 x 170,4 cm
Lange Innenseite	1	Sperrholz AW 100, 18 mm	20 x 210,4 cm
Diagonale	1	Sperrholz AW 100, 18 mm	ca. 200 cm
Spielzeugkastenseiten	2	Sperrholz AW 100, 18 mm	20 x 30 cm
Spielzeugkastenleisten	2	Kiefer 2 x 4 cm	86,5 cm
Spielzeugkastenleisten	2	Kiefer 2 x 4 cm	26 cm
Spielzeugkastendeckel	2	Sperrholz AW 100, 18 mm	Breite ca. 29 cm
Einzelseite	1	Sperrholz AW 100, 18 mm	20 x 53,4 cm
Doppelseiten	2	Sperrholz AW 100, 18 mm	20 x 90 cm
Deckplatte, groß	1	Sperrholz AW 100, 18 mm	90 x 220 cm
Deckplatte, klein	1	Sperrholz AW 100, 18 mm	90 x 110 cm
Eckplatte	1	Sperrholz AW 100, 18 mm	40 x 40 cm
Einlegeplatte	1	Sperrholz AW 100, 18 mm	120 x 226 cm
Stützen für Einlegeplatte	5	Kiefernrundholz Ø 4,2 cm	ca. 20 cm

Außerdem: wasserfester Leim, Schleifpapier, Acryllack, ca. 40 weiße Kunststoffbodenträger (Ø 2 cm, 1 cm hoch), 2 Knebelverschlüsse (siehe Detailzeichnung) aus Holzresten, grober Kies, Gaze, Spielsand, Kunstrasen (wasserdurchlässig)

Hereinspaziert und gute Laune mitgebracht! Bei Keks und Kuchen lässt es sich hier bequem und sorgenfrei leben, spielen, faulenzen. Im gärtnerischen Kinderparadies ist sogar noch Platz für eine Sandkiste, auf deren breiten Rändern man sitzen oder Sandkuchen backen kann. In Töpfen und Kästen wird mit großem Talent gegärtnert, wie die prächtigen Sonnenblumen zeigen. Der kleine Zaun, durch den man die Kinder immer sehen kann, grenzt zum elterlichen Bereich ab, der mit Holzboden und gemütlicher Sitzbank ausgestattet ist.

Für das Balkongärtchen haben die Eltern die Grundfläche mit den Kindern geteilt, so dass zwei getrennte Bereiche entstanden sind. Da können die Kleinen und die Großen gleichermaßen glücklich und zufrieden ihre Entspannung finden.
Der Kinderbereich wurde zum grünen Zimmer mit Kunstrasen, Sandkiste und Zaun. Dazu gibt es eine Gerätewand für Schaufel, Harke und andere Gerätschaften sowie eine Fensterwand mit herabziehbarem Sonnenschutzrollo.
Der elterliche Bereich ist im Vergleich ein wenig schlichter ausgefallen, kommt aber mit dem kleinen Zweisitzer dem Bedürfnis nach Ruhe und Erholung an frischer Luft sehr gut entgegen.
Beiden Bereichen gemeinsam ist ein Fußboden aus Gartenholzbrettern (Bodenholz), der auf einer Unterkonstruktion aus Balken angebracht ist. Damit Regenwasser schnell und ungehindert abfließen kann, wurden unter die Balken Fugenkreuze als Distanzstücke genagelt.
Natürlich kann statt des Fußbodens der ganze Balkon auch einfach mit Kunstrasen ausgelegt werden. Deshalb wird mit der Baubeschreibung von Zaun, Geräte- und Fensterwand sowie der Sandkiste begonnen.

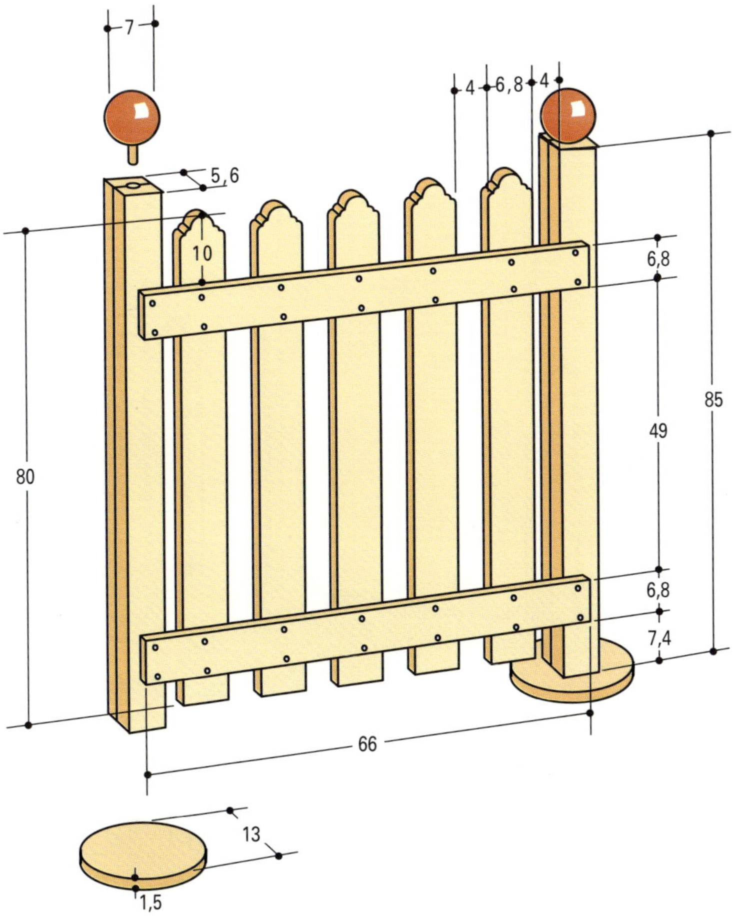

Bezeichnung	Stück	Material	Format
Zäune und Pfosten			
Zaunlatten (senkrecht)	28	Kiefer 2,1 x 6,8 cm *	80 cm
Querlatten, lang (aus Zaunlatte)	10	Kiefer 2,1 x 6,8 cm *	66 cm
Querlatten, kurz (aus Zaunlatte)	2	Kiefer 2,1 x 6,8 cm *	44,4 cm
Kleine Pfosten	12	Gartenholzleiste 2,8 x 5,6 cm *	85 cm
Bodenplatte	6	Sperrholz AW 100, 15 mm	Ø 13 cm
Kugeln	6	Kiefer *	Ø 7 cm
Dübel	6	Buche Ø 10 mm	4 cm

Außerdem: wasserfester Leim, Schleifpapier, Holzdeckfarbe, Schrauben (verzinkt); * kesseldruckimprägniert

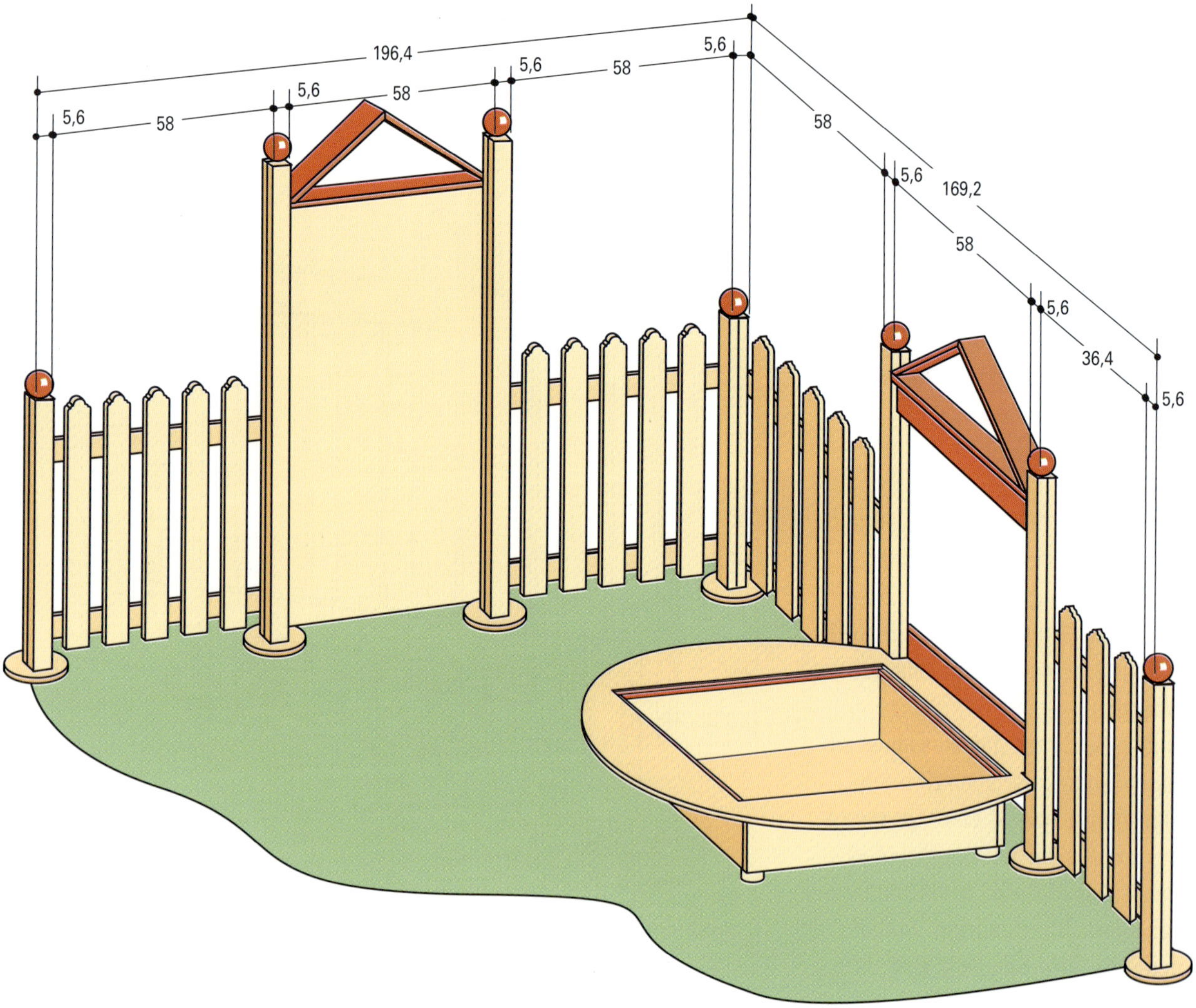

Für die Pfosten der Zaunelemente werden Gartenholzleisten aufgedoppelt.

Der Zaun Grundmaterialien für den Zaun sind kesseldruckimprägnierte Zaunlatten, die es mit bereits fix und fertig profilgefrästen Zierköpfen zu kaufen gibt. Es werden viele verschiedene Formen – von schlicht halbrund bis blattförmig – angeboten. Die Zaunlatten gibt es in unterschiedlichen Längen, meist 85 bis 178 cm.

Für den Kinderbalkon wurden 85 cm lange Standard-Zaunlatten auf 80 cm gekürzt, damit die Kinder sich nicht wie im Käfig fühlen und noch gut hinüberschauen können. Verbunden werden die Zaunlatten mit Querlatten, die aus Zaunlatten geschnitten werden. Die Pfosten sind aus aufgedoppelten Gartenholzleisten, die Kugeln gibt es als Zubehör. Weil die Pfosten im Balkonboden nicht eingelassen werden können, stehen sie auf runden Sperrholzscheiben, die von unten her angeschraubt werden.

Zaun bauen Als Erstes längt man die Gartenholzleisten für die Pfosten ab, leimt sie aufeinander und verschraubt sie zusätzlich. Damit das Regenwasser besser abtropft, sollten die Leisten beim Zuschnitt etwas angeschrägt gekürzt werden. Die Bodenplatten (aus Sperrholz) schneidet man mit der Stichsäge zu, glättet die Kanten, fast sie an, leimt sie unter die Pfosten und schraubt sie mit zwei Schrauben (in jedes Gartenholz eine) fest. Die Pfosten werden dann aufgestellt und mit zwei Hilfsleisten fixiert. Dann werden die Querlatten zugeschnitten und mit den Zaunlatten verschraubt. Als Nächstes werden die Holzkugeln auf die Pfosten gedübelt und geleimt. Vor der Farbgestaltung werden die Zaunelemente vorläufig montiert.

Bezeichnung	Stück	Material	Format
Gerätewand			
Grundplatte	1	Sperrholz AW 100, 15 mm	62 x 125 cm
Querlatte (aus Zaunlatte)	1	Kiefer 2,1 x 6,8 cm *	58 cm
Giebel (aus Zaunlatte)	2	Kiefer 2,1 x 6,8 cm *	ca. 35 cm
Große Pfosten	4	Gartenholzleiste 2,8 x 5,6 cm *	135 cm
Bodenplatte	2	Sperrholz	Ø 13 cm
Kugeln	2	Kiefer *	Ø 7 cm
Dübel	2	Buche Ø 10 mm	4 cm

Außerdem: wasserfester Leim, Schleifpapier, Holzdeckfarbe, Schrauben (verzinkt), Kunststoffhaken; * kesseldruckimprägniert

Bezeichnung	Stück	Material	Format
Fensterwand			
Querlatten, unten	1	Kiefer 2,1 x 6,8 cm *	66 cm
Querlatten, oben	2	Kiefer 2,1 x 6,8 cm *	58 cm
Giebel (aus Zaunlatte)	2	Kiefer 2,1 x 6,8 cm *	ca. 35 cm
Markisenstoff	1		ca. 60 x 80 cm
Mittlere Pfosten	4	Gartenholzleiste 2,8, x 5,6 cm *	100 cm
Bodenplatte	2	Sperrholz AW 100, 15 mm	Ø 13 cm
Kugeln	2	Kiefer *	Ø 7 cm
Dübel	2	Buche Ø 10 mm	4 cm

Außerdem: wasserfester Leim, Schleifpapier, Holzdeckfarbe, Schrauben (verzinkt); * kesseldruckimprägniert

Die Gerätewand Die Gartenholzleisten für die Pfosten werden zugeschnitten und zusammengeleimt, dann wie bei den Zaunpfosten die Bodenplatte untergesetzt. Danach lackiert man die fertigen Pfosten und die Kugeln. Anschließend werden die Kugeln auf die Pfosten gedübelt und geleimt. Die Gerätewand wird zugeschnitten, alle Kanten verspachtelt, fein verschliffen und leicht gerundet. Nun lackiert man die fertige Platte, setzt sie hinter die Pfosten und schraubt sie fest. Als Nächstes wird das Dachdreieck aus Zaunlatten zugeschnitten (Schrägenwinkel in der Spitze 30°), zusammengeleimt, gestiftet und dann lackiert. Das fertige Dachdreieck wird eingepasst, auf die Gerätewand gesetzt und verschraubt.

Die Sandkiste steht auf Gummifüßen, damit Feuchtigkeit ablüften kann.

Die Fensterwand Pfosten und Dach werden wie bei der Gerätewand zusammengebaut und lackiert. Dazu schneidet man die Querlatte unten und oben zu und lackiert sie. Dann wird die obere Querlatte mit der Vorderkante unter den Giebel gesetzt und verschraubt, die untere Querlatte hinter die Pfosten gesetzt und auf jeder Seite mit zwei Schrauben befestigt. Der Giebel wird oben eingepasst und mit Stuhlwinkeln an den Pfosten festgeschraubt.

Zaun aufbauen Die Zaunelemente werden hinter Gerätewand und Fensterwand gesetzt und danach festgeschraubt. Die Schraublöcher werden vorgebohrt. Dann setzt man die Außenpfosten an und schraubt sie fest. Zum Schluss wird der Eckpfosten eingestellt und festgeschraubt.

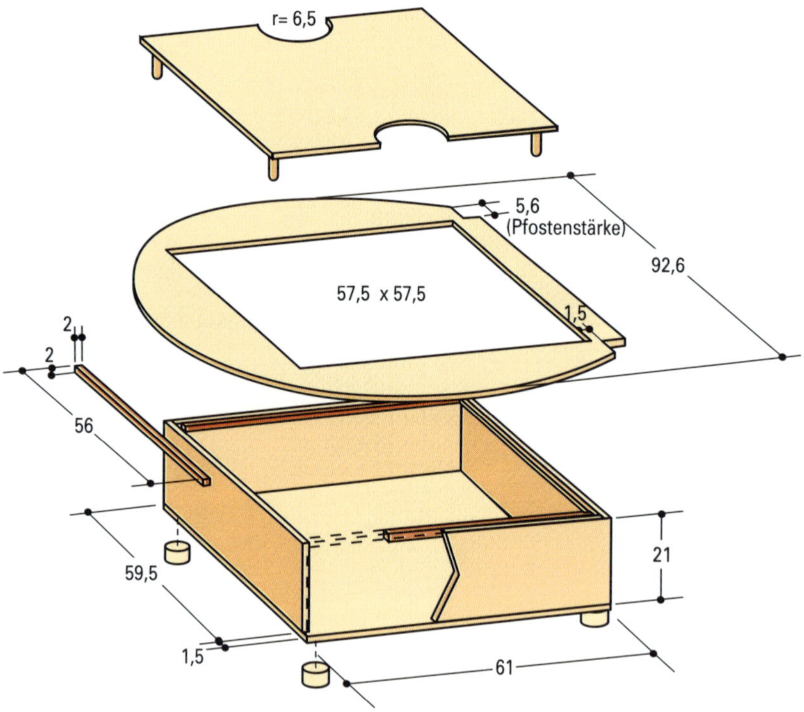

Der Deckel kann auch als Tisch verwendet werden. Hier wurden Holzgarderobenhaken zu Füßen umfunktioniert.

Die Sandkiste besteht aus dem eigentlichen Kasten, der kreisförmigen Randplatte und der Abdeckplatte, die zugleich Beistelltisch ist. Löcher im Boden und Gummifüße unter dem Kasten garantieren eine gute und schnelle Drainage. Zu Beginn werden Boden und Seiten zugeschnitten und Löcher in den Boden gebohrt. Jeweils zwei Seiten leimt man stumpf zu einem L-förmigen Gebilde zusammen und schraubt sie durch. Beide Stücke werden auf den Boden geleimt und durchgeschraubt. Mit dem fertigen Kasten wird die Position auf der Deckelplatte angerissen. Für den Kreisschnitt fertigt man sich einen Schnurzirkel: Dazu werden ein Nagel und ein Bleistift mit genau 46,5 cm Zwischenraum an eine Schnur geknotet, der Nagel in der Plattenmitte eingeschlagen, die Schnur gespannt und dann der Kreis gezeichnet. Zuerst wird der Deckelausschnitt, dann der Kreis ausgeschnitten, dann leimt und stiftet man die Tragleisten an die Kasteninnenseiten, setzt den Deckel auf, verleimt ihn und schraubt ihn durch.

Dann werden alle Kanten verspachtelt, fein verschliffen und leicht gerundet. Der fertige Sandkasten wird lackiert und die Gummifüße werden untergeschraubt. Den Deckel schneidet man aus dem Zuschnittrest, setzt die Füße unter, verleimt und verdübelt sie und lackiert dann als letztes den fertigen Kasten.

Bezeichnung	**Stück**	**Material**	**Format**
Sandkasten			
Seite	4	Sperrholz AW 100, 15 mm	21 x 59,5 cm
Bodenplatte	1	Sperrholz AW 100, 15 mm	61 x 61 cm
Randplatte	1	Sperrholz AW 100, 15 mm	Ø 92,6 cm
Deckelleiste	4	Kiefer 2 x 2 cm	56 cm
Deckel/Tischplatte	1	Sperrholz AW 100, 15 mm	57,5 x 57,5 cm
Tischbeine	4	Kiefer Ø 3 cm	7 cm

Außerdem: wasserfester Leim, Schleifpapier, Holzdeckfarbe, Schrauben (verzinkt)

Fugenkreuze aus Kunststoff werden unter die Bodenbalken genagelt, damit das Regenwasser leicht abfließen kann.

Jeweils drei Bodenbretter werden mit drei Gartenholzleisten zu einem Holzrost-Bodenelement verbunden.

Alle Holzrost-Bodenelemente werden mit nicht rostenden Schrauben fixiert und die Schraubenköpfe versenkt.

Eine gemütliche Ecke für die Erwachsenen, um zu entspannen.

Der Elternbereich Der elterliche Bereich kommt ohne großen Bauaufwand aus, aber statt des grauen Betonbodens sollte es dann schon ein richtiger Holzfußboden sein. Das Rankgerüst wurde über Eck gezogen. So verdeckt es zwar das Fenster, dafür konnten aber Eckkonsolen aus Sperrholz als willkommene Ablage eingezogen werden.

Der herausnehmbare Boden liegt auf einem Unterbau aus 4,5 x 9,4 cm dicken Gartenholzbalken und besteht aus einzelnen Rosten, die zum Abtransport oder für eine Balkonrenovierung leicht durch die Tür getragen werden können. Begonnen wird mit der Unterkonstruktion: Zuerst werden die durchgehenden Stücke mit 60 cm Zwischenabstand ausgelegt und dann die Querstücke eingelegt. Alle Balken werden mit eingesetzten Winkeln (einer je Verbindung reicht aus) zusammengeschraubt.

Als Nächstes längt man die Bretter aus 2,4 x 16 cm großen Gartenholzbrettern (Bodenholz) ab, schraubt jeweils drei Rostleisten (2,1 x 3,5 cm) zu einem Element zusammen und legt für einen gleichmäßigen Zwischenraum 1 cm Sperrholzstreifen dazwischen. Zum guten Schluss wird die Bank aufgestellt, Kaffee gekocht, frischer Saft für die Kinder geholt – und schon können die Ferien auf Balkonien beginnen.

UHU coll Holzleime
... stärker als das Holz selbst!
Der Ur-Typ
UHU coll
Holzleim
kraftvoller Universal-Holzleim
bei Großflächenverarbeitung
UHU coll
Holzleim
Colle à bois - Houtlijm
ohne Lösungsmittel
sans solvant
zonder oplosmiddel
Die Wasserratte
UHU coll
Holzleim wasserfest
wasserfest nach EN 204 (D3)
bei Feuchtigkeitseinwirkung
auch geeignet für Fertigparkett und Laminat
UHU coll
Holzleim
Colle à bois - Houtlijm
Superweiche Flasche
für einfache Handhabung + Kombiöffnung für präzisen Leimauftrag
sowie für großflächige Verarbeitung
Der Sprinter
UHU coll
Holzleim express
bei schneller Weiterverarbeitung
UHU coll
Holzleim
Colle à bois - Houtlijm
express
Der Schichtarbeiter
UHU coll
Holzleim special
bei Kunststoffbeschichtungen
UHU coll
Holzleim
Colle à bois - Houtlijm
special
STIFTUNG WARENTEST
test 9/94
sehr gut
im Test: 21 Spezialklebstoffe. Testurteil: 10 sehr gut
Im Falle eines Falles – UHU
UHU-Klebeberatung und Produktinformationen im Internet: http://www.uhu.de
Partner der Deutschen Heimwerker Akademie
(07152) 978200
D·I·Y
DEUTSCHE HEIMWERKER AKADEMIE
Der komplette Heimwerkerservice
UHU

WELT-NEUHEIT

Starker Abtrag, selbst wenn's eng wird: der Varioschleifer von Bosch.

EW 897 Y&R

300 Watt. Bandabmessungen 40 x 303 mm.

Weg mit der Farbe. Weg mit dem Lack. Her mit dem Profi fürs Renovieren und Restaurieren. Der neue Varioschleifer von Bosch garantiert immer starken Abtrag. Besonders an schwer zugänglichen Stellen und auf kleinen Flächen. Mehr Infos beim Fachhändler, im Internet – **http://www.bosch-pt.de** oder unter der Servicenummer **01 80 - 3 33 57 99.**

BOSCH

Genial einfach. Einfach genial.